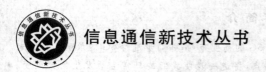

信息通信新技术丛书

读 懂 5G

张鸿涛 周明宇 尹 良 云 翔 著

北京邮电大学出版社
www.buptpress.com

内 容 简 介

5G 技术商用开始,全球各国都在争先抢占 5G 的商业布局,并同步进行 6G 的预研工作。未来 5G 的应用,以其高速率、低时延、大连接等特点,将进一步使我们的日常生活发生巨大改变。更重要的是,基于 5G 物联网技术及 6G 泛在互联愿景,全球工业将迎来又一次划时代的变革。

本书旨在用通俗易懂的语言、生动有趣的漫画、贴近生活的类比,将原本复杂的 5G 关键技术及 6G 的需求愿景深入浅出地展现在读者面前。书中自"什么是 5G"谈起,再对 5G 网络架构以及基于 5G 的三大应用场景逐一讲解,最后在现有研究基础上对未来 6G 的需求及潜在技术进行畅想。在专业技术的介绍中,本书不仅关注技术的原理表现,更突出对技术内核的分解,以注重图说技术作为本书的著书主旨。

本书可供移动通信技术爱好者以及通信技术初学者进行学习使用。

图书在版编目(CIP)数据

读懂 5G / 张鸿涛等著. -- 北京:北京邮电大学出版社,2021.8(2024.12 重印)
ISBN 978-7-5635-6467-5

Ⅰ. ①读… Ⅱ. ①张… Ⅲ. ①第五代移动通信系统 Ⅳ. ①TN929.53

中国版本图书馆 CIP 数据核字(2021)第 156921 号

策划编辑:姚 顺 **责任编辑:**姚 顺 **封面设计:**七星博纳

出版发行:北京邮电大学出版社
社　　址:北京市海淀区西土城路 10 号
邮政编码:100876
发 行 部:电话:010-62282185 传真:010-62283578
E-mail:publish@bupt.edu.cn
经　　销:各地新华书店
印　　刷:保定市中画美凯印刷有限公司
开　　本:720 mm×1 000 mm 1/16
印　　张:8.75
字　　数:151 千字
版　　次:2021 年 8 月第 1 版
印　　次:2024 年 12 月第 6 次印刷

ISBN 978-7-5635-6467-5 定价:27.00 元

· 如有印装质量问题,请与北京邮电大学出版社发行部联系 ·

前　言

为了应对未来移动多元化时代下数据流量的增长、海量设备的连接、新应用场景的需求，第五代移动通信（5G）应运而生。5G 将面向人与物之间、物与物之间的通信，为"中国制造 2025"和"工业 4.0"提供关键性支撑，并逐步实现在线 VR/AR 视频、无人驾驶、智慧城市等场景的应用。

2018 年 6 月，第三代合作伙伴计划（3GPP）将 5G 独立组网标准冻结，完成了 5G 第一阶段全功能增强移动宽带标准化工作；2018 年 12 月，我国三大运营商获得 5G 中低频段试验频率的使用许可；2019 年 3 月，全球首届 6G 无线峰会召开并探讨了实现 6G 愿景需应对的理论和实践挑战；2019 年 3 月，美国开放"太赫兹波"频段用于 6G 技术研发；2019 年 6 月，我国 5G 牌照正式发放，5G 商用开始发展，随着 5G 的全面部署，下一代移动通信（6G）技术的研究也在同步展开：2019 年 11 月，我国国家 6G 技术研发推进工作组和总体专家组宣布成立，我国 6G 技术研发工作正式启动。

基于对太赫兹通信、可见光通信、全双工等潜在关键技术的研究，并通过与人工智能、大数据等技术相结合，6G 通信系统将拓展为"人-机-物-灵"互联、"空-天-海-地"一体化的深度融合网络，会进一步扩展和深化物联网应用领域，实现万物智联的愿景目标。

为了让读者能够对 5G 和未来 6G 技术有更加直观的认识，本书将晦涩难懂的专业技术知识通过形象的类比去解释，并以图文并茂的形式对 5G 和 6G 技术的研究现状及内涵进行更好的展示。

本书分为四部分共六章，其中第一部分（第 1 章）从性能增益图出发，以生活实例类比数据通信，介绍了 5G 的高速率、大连接、低时延等特点，并用漫画形式，对 5G 时代的生活进行了畅想；第二部分（第 2 章）用公司运营管理结构类比 5G 网络架构，以图解形式解释了 UDN、UCN 等技术在 5G 时代的必要性；第三部分（第 3～5 章）分别从增强移动宽带，海量机器类通信以及低时延、高可靠通信应用场景出发，结合生动的实际生活经验，对 5G 关键技术进行深入浅出的介绍，并多配以漫画形式的注解。比如笔者将波束赋形技术与手电筒聚光原理相结合介绍了技术的实现过程，以交通运输设计解释多址接入技术等；第四部分（第 6 章）基于 6G 更高速率、更广覆盖、更深度连接的愿景目标，对现有研究中潜在的关键技术进行介绍，并探讨了 6G 与人工智能、无人机等技术的融合前景。

本书由北京邮电大学张鸿涛、尹良，北京佰才邦技术有限公司周明宇、云翔共同完成，其中书稿资料的收集与整理工作由张鸿涛的研究生倪睿、刘红笛、陈尧协助完成。本书得到了国家自然科学基金（61971064）、北京市自然科学基金（4202048、L182035）的资助。最后，还要感谢北京邮电大学出版社姚顺编辑的大力支持与高效工作，使得本书能够尽早与读者见面。

由于移动通信技术的日益革新，笔者在本书的撰写过程中尽管字斟句酌，力求将最新的研究成果和技术展现给读者，但限于笔者理论水平与精力困囿，成书疏漏在所难免，敬请广大读者谅解与指正。

张鸿涛
于北京邮电大学

目　　录

第 1 章　5G 新面貌——什么是真正的 5G

1.1　初识 5G

自 1G 的模拟通信时代，进入 2G 的数字时代，到 3G 的数据时代，再到 4G 的数据爆发时代，移动通信技术的发展给我们的生活带来了翻天覆地的变化，同时也让移动通信业这块巨大的蛋糕显露端倪。移动通信技术如此深刻地影响着我们的生活，但我们对移动通信技术有多少了解呢？可以说，了解移动通信技术，会让我们感受到科技的魅力，会让我们体验到技术的神奇，会让我们感受到时代的伟大。

如今，5G 已切切实实地进入了我们的现实生活。在历代通信技术的变革中，都是以典型技术的革新作为代表的，5G 也不例外。5G 技术将给我们带来更多精彩纷呈的应用，将会带给我们更多的梦想空间。5G 被称为第五代移动通信网络系统，5G 时代也叫作智慧互联时代。这里普及下什么是"G"？"G"取自"Generation"，是一代移动通信标准，数字 1-5 表示经历的第几代通信标准。对 5G 有了简单的了解之后，下面正式进入主题业务介绍。如图 1-1 所示为 IMT-2020 发布的 5G 关键性能图，又称为"5G 之花"，我们不难看出，相比于已经非常成熟的 4G 技术，5G 在用户体验速率上可以提升 10 倍左右，而单位面积内的用户连接数也将进入百万级别，流量密度更是提升了近百倍，达到了惊人的数十

Tbit/s。在保证如此惊人的网络速度的同时，5G 还可以支持毫秒级别的端到端时延以及 500 km/h 的移动速度。除此以外，5G 技术的发展应用也将提高系统的能效、频谱效率以及成本效率问题。

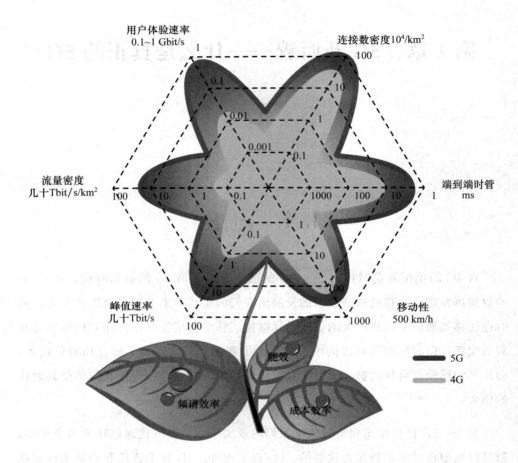

图 1-1　5G 关键性能图

　　每一代移动通信技术的诞生势必催生很多与其对应的新场景新应用。从 20 世纪 80 年代开始的 1G 到 4G 已使得人与人、人与物的通信变成现实，而 5G 以高速率、大连接、低时延等特点被视为"万物互联"通信的更关键技术。5G 不再由某项业务能力或者某个典型技术特征所定义，它将是一个多业务多技术融合的网络，它会通过技术的演进和创新，去满足未来包含广泛数据和连接的各种快速业务的新需求，不断提升用户体验，正如图 1-2 所示，5G 的应用场景多种选择。随着第五代移动通信标准的逐步完善，5G 设备的陆续面世，5G 基站的全面铺设，5G 时代离我们越来越近。2019 年 6 月 6 日，工信部向中国电信、中国移动、中国联通、中国广电发放了 5G 商用牌照，标志着 5G 正式进入商用阶段。至此，2019 年也被称为"5G 商用元年"。

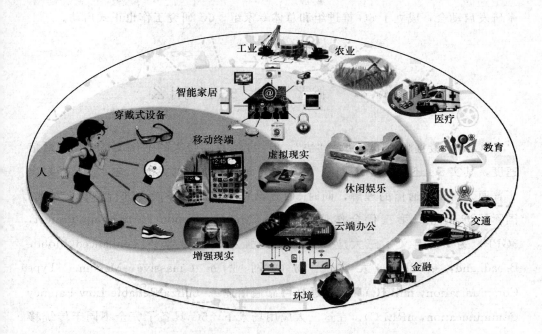

图 1-2　5G 总体愿景

图源：IMT-2020（5G）推进组

遵循"商用一代，研究一代"的移动通信十年更迭规则，第六代移动通信系统（6G）的愿景研究也逐渐展开：早在 2018 年 7 月，国际电信联盟（International Telecommunication Union，ITU）就成立了 ITU-T 2030 网络技术焦点组（FG NET-2030），其研究的内容包括：面向 2030 年及以后的应用场景和需求、网络服务和技术、架构和基础设施。

此外，世界各地纷纷启动了后 5G（Beyond 5G）以及 6G 相关技术的研究：2017 年 9 月，欧盟就启动了研究可用于 6G 通信网络的新型编码调制技术的基础研究项目；2018 年 9 月，美国联邦通信委员会（Federal Communications Commission，FCC）在召开的世界移动通信大会上，首次表示未来 6G 将使用更高频段的太赫兹通信，还将区块链、动态频谱共享、空间复用等技术视为 6G 实现更智能的共享接入技术的关键；2018 年 3 月，日本研究学者宣布利用轨道角动量复用技术可实现 100 Gbit/s 的传输速率，以满足下一代移动通信的超高速率要求；2019 年 4 月，韩国组建了 6G 研究小组；2019 年 11 月，中国召开 6G 技术研发启动会，成立了 6G 推进组和总体专家组，6G 研究工作也正式启动。

1.2　除了"快"，5G还有什么

5G 给人最直观的印象就是"快"，但 5G 给我们带来的不仅仅是更快的通信速度，其实 5G 还在通信的功耗、时延等方面具有更高的标准，这可能已经超出了普通人对传统通信的理解，同时 5G 还会将更多的业务能力进行整合。对此，国际标准化组织第三代合作伙伴计划（3rd Generation Partnership Project，3GPP）为 5G 定义了三大应用场景：增强移动宽带业务（enhanced Mobile Broadband，eMBB），大规模物联网业务（massive Machine Type Communication，mMTC），低时延高可靠通信业务（ultra-Reliable Low-Latency Communication，uRLLC）。在这三大应用场景下，5G 具备了完全不同于传统移动通信的特点。5G 除了高速率的"快"，还有什么特点呢？还有大连接、低功耗、低时延等特性。

1.2.1　高速率

图 1-3 展示了不同通信技术之间的速率变化。如前文所述，每一代移动通信的更迭发展，带给用户最直观的体验就是速度变快了，以至于我们在"双十一"抢购时，宁愿选择使用 4G 网络而不使用 WiFi 网络。

我们已经在 4G 时代享受到流媒体的流畅，移动支付的便捷，文件下载的快速……但随着日益增长的业务需求，4G 的速度似乎逐渐不能满足我们的需求，比如直播卡顿掉线，每逢大型活动或人流集中处，我们明显感觉到"网速不够快了"。到了 5G 时代，5G 技术在理论上可以实现 20 Gbit/s 的基站速率，接近 1 Gbit/s 的用户速率，如此高的通信速率不仅仅是用户下载一部电影时间缩短或者观看视频更加流畅那么简单，更重要的是它将会给大量业务和应用带来革命性的改变。然而，人类对于通信高速率的追求是永无止境的，所谓 5G 的"高速率"也会有不满足要求的那一天。追求通信高速率也是通信人一直努力追求的目标，大家都希望通过各种新技术来支持更大的带宽，更高的速度，为用户提供更丰富的业务。

图 1-3　移动通信技术的速率变化

1.2.2　大连接

5G 会带来各种业务的蓬勃发展，在其背后却是对网络容量的极高要求。不仅要求无所不包，更要求无所不在，这就是大连接的两个层面：广泛性与纵深性。图 1-4 预测了终端的增长趋势。在 3G 和 4G 中，我们部署的是宏基站。宏基站的功率大，覆盖范围也大，但这也是宏基站不适宜密集部署的原因，距离近的地方信号很强，距离远的地方信号很弱，因此我们经常会遇到手机信号弱甚至没信号的时候。为了满足 5G 的大连接要求，微基站的部署成为 5G 技术中重要的一环。

微基站的部署弥补了宏基站无法触及的末梢通信点，为 5G 的大连接泛在网提供了架构支持，这样一来，每个终端附近总会有一个基站。其实，现在就已经部署了不少的微基站，尤其是城区和室内能经常看到。在 5G 时代，微基站会更多，几乎随处可见。你肯定会问，要是那么多基站在我们身边，会不会对我们的身体造成影响？其实，和传统认知恰好相反，基站数量越多，辐射反而越小！可以用图 1-5 的描述来打比方，你可以试想一下，在冬天，一群人在房子里，使用一个大功率取暖器好，还是使用几个小功率取暖器分别取暖好？

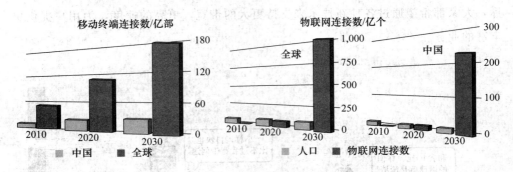

图 1-4　移动终端及物联网连接数增长趋势

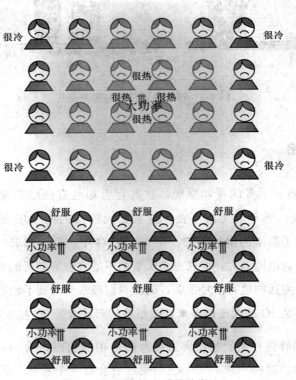

图 1-5　基站与取暖器的类比

1.2.3　低功耗

5G 通信设备在高速率和大连接的背后必然会以高功耗作为代价，而功耗过高势必会让用户体验感变差。比如智能手表、智能眼镜等新型设备之所以还未被大众所接受，就是因其功耗过高，甚至每隔几个小时就要充电，给用户体验感较差。

因此，为了支持大规模的物联网应用，5G 必须要考虑功耗方面的要求，只有将功耗降下来，改善用户体验，越来越丰富的物联网产品才能被大众所接受。目前，5G 中低功耗的处理方式主要通过两种技术来实现，分别是高通主导的eMTC 技术和华为主导的 NB-IoT 技术，在本书后续章节中我们将继续一起探讨。但无论采用哪种技术，它们都是 5G 网络体系中重要的组成部分，它们的出发点都是在保证网络质量的前提下，尽可能地降低网络成本，满足 5G 物联网应用场景中对于低功耗的需求。

1.2.4　低时延

低时延成为 5G 的一大技术特点。以无人驾驶（图 1-6）作为 5G 的一个重要应用场景来举例，因为无人驾驶对时延的要求是非常高的。在 4G 中，人与人之间无论是视频还是语音通信，如果存在 100 毫秒左右的时延是可以接受的，对通信质量的影响并不明显，但这样的时延对于无人驾驶就是致命的。通常来说，无人驾驶的汽车需要与控制中心互联，而这样的场景所要求的时延一般都在 10 毫秒以内，这便是 5G 的低时延目标所在。

无人驾驶引导的智慧交通只是 5G 交通应用的开端，真正主流核心的应用是无人机通信。这是因为只有利用 5G 更大的带宽、更高的速度和超低的时延，无人机才可以达到更加精准的控制和及时通信的效果。

另外，低时延的另一个重要应用领域是工业控制领域。5G 智慧工厂网络架构会涉及云、管、端三个环节，主要包括：5G 超密集组网方案的制定；基于低时延的工业控制；基于边缘计算的信息本地化；基于切片的安全保障能力等。在边缘计算方面，中国移动已经联合业界相应合作伙伴开展实践，包括玉柴工厂、宝马工厂机器人、新松工厂等。

图 1-6　无人驾驶场景

1.3　5G 有什么用

1.3.1　增强移动宽带业务——速率快了，容量大了

增强移动宽带业务（emhanced Mobile Broadbard，eMBB），是指在现有移动宽带业务场景的基础上，对于用户体验等性能进一步的提升，满足人与人之间极致的通信体验。具体体现为：网络覆盖范围扩大、信息传输速度倍增、可接入用户容量增多。图 1-7 展示出各种用户使用场景。

5G 除了可以实现真正的随时随地上网以及超高清视频播放，各类虚拟现实（Virtual Reality，VR）应用也将不再是梦想。图 1-8 形象地展示了 5G 的高速率。

图 1-7 5G 覆盖范围变化

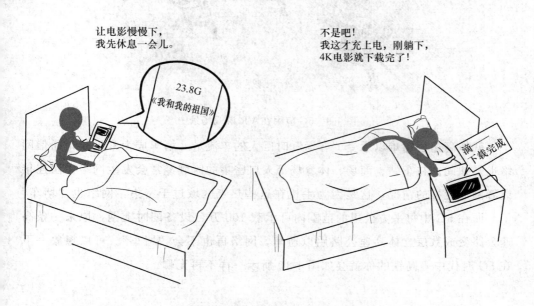

图 1-8 5G 速率变化

在理想状态下，VR 应用的实现需要超高清画面才能带给用户身临其境的享受，这必须依赖于高速率高带宽的 5G 网络。同时，研究表明如果网络延迟大于 20 毫秒，VR 头盔会使用户头晕难受导致体验变差。而 5G 的网络延迟大约是 1 毫秒，这样用户完全感受不到网络时延。未来多人一起体验图 1-9 的快乐刺激 VR 游戏将不再是梦想！

图 1-9　5G 应用在 VR 游戏场景中

就像高速公路难以承受"春运"时巨大的车流量，堵车成为常见事，通信网络也是如此。在车站、商场、体育场等人口密集的区域经常会发生网络无法连接或者网速变慢的情况，这是因为手机在这些热点区域过于密集，网络也"堵车"了。而在 5G 中每平方公里的范围内可承载 100 万台设备同时上网，原来一条高速公路变成数层立体高速公路用以通车，网络再也不会"堵车"。可以想象一下在 5G 时代中等高铁的你就会如图 1-10 所示一样不再无聊。

图 1-10　5G 在热点区域的应用

1.3.2　海量机器类通信业务——努力为更多用户服务

海量机器类通信业务（massive Machine Type of Communication，mMTC）属于物联网的应用场景，侧重于人与物之间的信息交互。物联网是将各类物品连接上网，便于其管理及为之提供智能化服务，让人们的生活更加便捷智能。然而，如今物联网仍未真正实现的一个重要原因是：现有网络的容量不足以支撑如此多的终端同时接入。而在大容量的 5G 时代中，万物互联将不再是梦想，智慧城市、智能家居的实现将使我们的生活质量成倍提升。

先说智慧城市。智慧城市方案将城市内的基础设施连接上网，使得城市管理者可以精确地知道每个基础设施的状态。如图 1-11 展示的某路灯坏了、某水管漏了、某垃圾桶满了、某井盖损坏了等问题可让管理者迅速采取解决方案，为人们的生活提供更优质的服务。

智慧城市

图 1-11　5G 应用下的智慧城市

再说智能家居。不但用户的手机、汽车、可穿戴设备能上网，家里的电视、空调、冰箱、花盆、门锁、水壶也都能上网，甚至连吃的水果、蔬菜、牛肉等在生产、加工、运输的过程中都能上网。每个人都可以享受智能"管家"定制服务，再也不用担心食物在冰箱里放到变质。便捷幸福的生活即将到来，如图 1-12 所示。

1.3.3　低时延高可靠通信业务——一毫秒都不放过，让网络更可靠

低时延高可靠通信业务（ultra Reliable Low Latency Communications, uRLLC）也属于物联网的应用场景，但侧重于物与物之间的通信需求，具备高可靠、低时延、高可用性等全新特性。这些新的特性可广泛应用于工业控制、工厂自动化、智能电网、车联网、自动驾驶、远程手术等场景中。

图 1-12　5G 支持的智慧家居

所谓的"低时延"到底有多低？图 1-13 描述了不同通信系统的网络时延情况。5G 要求端到端的网络时延是 1 毫秒，我们可与过去的网络时延进行对比，明显可以看出 5G 时延远低于 4G 最低的 98 毫秒网络时延。举个形象的例子，比如手指被刺的痛觉从指尖通过神经传导到脑干大约需要 29～200 毫秒，也就是说你从手指被刺到感到疼痛的时延是 5G 网络时延的几十到几百倍。

如果没有 5G 车联网通信，汽车的自动驾驶系统做得再好，系统只能分析前方一小段路况。如果大卡车、弯道、坡道挡住摄像头视线，影响到自动驾驶系统的判断，汽车就可能发生危险。因此，汽车的自动驾驶系统必须保持时刻在线，同时它收到的数据还必须没有延迟，5G 中 1 毫秒的网络时延则可以满足自动驾驶系统的需求。值得注意的是，一名普通驾驶员从决定刹车到踩下刹车的反应时间为 300～1 000 毫秒，远远高于 5G 的网络时延。

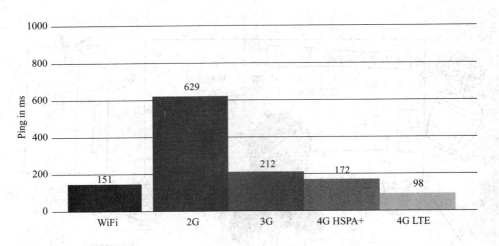

图 1-13　不同通信系统的网络时延对比数据

　　远程医疗最早出现在 20 世纪 50 年代末，但是受到信息技术和成本的限制，该技术一直未取得革命性的发展和普及。而高质量、高速度的 5G 网络可使高分辨率的图片和视频得到快速传输，从而使医生更加及时准确地判断病人的病情，更好地对症下药。同时，广覆盖、高可靠、低时延的网络信号也可让医生放心大胆地进行实时远程手术操作，不必担心因网络信号延迟不稳定而出现手术失误、中断等问题，如图 1-14 所示。

图 1-14　5G 支持下的远程手术

1.4 5G现状及发展

1.4.1 5G愿景需求

根据马斯洛的人类需求层次理论，在低级需求满足之后，高级需求就自然产生。将人类的通信需求模型与马斯洛需求模型进行对比[①]，如图1-15所示。

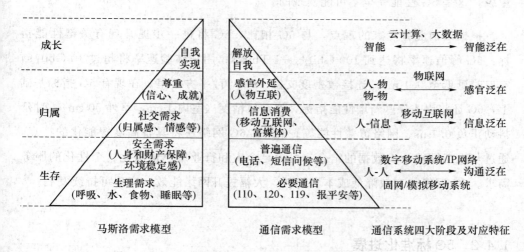

图1-15 通信需求模型、发展阶段及特征

对应通信需求模型的各个层次，人类的通信可以分为沟通泛在、信息泛在、感官泛在和智能泛在四大阶段。目前，移动通信系统经历了从必要通信上升到感官外延的层次，也就是从人与人之间的必要沟通，到初级的人与物、物与物之间进行通信的阶段。

5G的开启为我们开启了一个全新的万物互联的世界，实现了人与人、人与物、物与物之间的互联，并逐渐成为经济社会数字化转型的关键基础设施。可见

---

① 李正茂. 通信4.0：重新发明通信网［M］. 北京：中信出版集团，2016：36-50.

5G 在社会各行业的广泛应用，将驱动整个社会逐步进入数字化、信息化和智能化时代，而在此基础上，6G 将全面支撑全社会的数字化转型，并实现"万物互联"向"万物智联"的飞跃。

然而，随着 5G 的规模商用，随着行业应用广度和深度的逐步拓展，5G 时代的三大场景中定义的一些关键性能指标必然难以满足未来特定应用的性能需求。因此，6G 需要实现比 5G 更强的性能，重点满足 5G 网络难以满足的应用场景和业务的需求。例如，我们在电影场景中看见的全息通信，一张全息照片大小为 56～64 GB，如果视频也是同样清晰度，考虑 30 帧/秒，折算速率需达到 Tbit/s 量级，这是 5G 性能完全不可能实现的。

根据当前业界专家的观点，与 5G 相比，6G 将进一步提升现有关键性能指标：6G 峰值速率将达到 100 Gbit/s～1 Tbit/s；用户体验速率将超过 10 Gbit/s，空口时延低至 0.1 ms；连接数密度支持 1 000 万/平方公里。在现有 5G 指标基础上，6G 还将引入一些新增性能指标，如定位精度（室内 1 cm，室外 50 cm）、时延抖动正负 0.1 ns、网络覆盖性能等。此外，6G 网络还将具备高度智能化的特点，通过与人工智能、大数据的结合，可满足个人和行业用户精细化、个性化的服务需求。6G 网络将有效降低成本和能耗，大幅提升网络能效，实现可持续发展。

1.4.2　5G 标准化进展

全球统一标准是 5G 发展的一个重要目标之一，各国已将 5G 实力视为国家综合实力的一种体现。因此，5G 中的标准的主导、基础设施的铺设、业务能力的开发等领域逐渐成为各国竞争的主要领域。5G 标准包括了编码方式、空口协议、天线等很多方面，通常由国际化标准组织制定工作，由企业或组织提出标准内容，经过反复的标准会议讨论修改，最终由众多的具体标准条例形成整体 5G 标准。

1. 5G 标准化组织与研究机构

5G 标准化工作可以追溯到 2000 年左右，主要由欧洲的 5G 研究项目移动无线通信使能的 2020 信息社会（Mobile and Wireless Communications Enablers for the 2020 Information Society，METIS），日本的无线工业及高贸联合会（Aossociation of Radio Industries and Businesses，ARIB），韩国的5G论坛以及欧盟的无线世界研究论坛（Wireless World Research Forum，WWRF），中国的工信部、科技部与发改委联合成立的IMT-2020（5G）推进组等组织进行标准的研究。我国的IMT-2020（5G）推进组主要从事5G需求、频率、技术与标准工作的研究。5G标准的推进组织如图1-16所示。

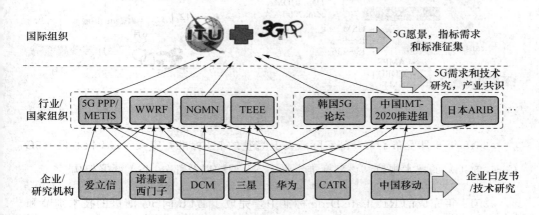

图 1-16　5G 标准的推进组织

2. 5G标准化现状

在5G标准的制定过程中，中国的运营商、设备商占据了主导地位。5G标准第一版分为非独立组网（Non-Stand Alone，NSA）和独立组网（Stand Alone，SA）两种方案。其中，非独立组网作为过渡方案，以提升热点区域频宽为主要目标，依托4G基站和4G核心网工作，独立组网能实现所有5G的新特性，有利于发挥5G的全部能力，是业界公认的5G目标方案。更有意义的是，在前几代移动通信标准的制定进程中，都是多个世界标准并行，如图1-17所示，而到了5G标准，IMT－2020终于实现了全球统一的标准。

2017年发布的第一版5G标准中，对NSA进行了标准化定义，即以LTE为锚点，5G新空口（5G New Radio，5G NR）以双连接的形式辅助进行数据传输，核心网依托4G核心网演进分组核心（Evolved Packet Core，EPC）。此版本的5G标准主要是满足eMBB业务所需网络部署的技术细节，其目的在于加速5G部署和商用的步伐。

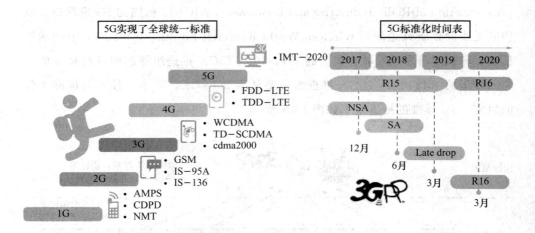

图 1-17　5G 标准化进程

2018 年 6 月发布了第一部实际意义上完整的 5G 标准，定义了 5G 核心网（5G Core，5GC）的技术规范。该部标准定义了 SA 架构以及部分 NSA 部署架构。

2019 年完成的 R15 Late Drop 标准中，完成了 LTE 向 5G 演进的技术细节和加速方案，其中包括了全部的演进选项。

表 1-1 统计了全球 5G 标准立项。

表 1-1　全球 5G 标准立项通过企业及所在地分布 [①]

国家或地区	企业	立项数	立项总数
中国	中国移动	10	21
	华为	8	
	中兴	2	
	中国联通	1	
美国	高通	5	9
	英特尔	4	

① 数据截至 2018 年 3 月

国家或地区	企业	立项数	立项总数
日本	NTT DOCOMO	4	4
韩国	三星	2	2
欧洲	爱立信	6	14
	诺基亚	4	
	法国电信	1	
	德国电信	1	
	西班牙电信	1	
	Esa	1	

1.4.3　6G 研究现状

随着中国及全球 5G 网络的规模商用，6G 研究创新的窗口悄然打开。下面我们就全球 6G 技术的研究现状进行一定程度的疏理。

1. 国际组织的研究现状

2018 年 6 月，3GPP 完成了 5G 第一版本的国际标准（R15），重点支持增强移动宽带和基础的超高可靠低时延场景。而后续将在持续提升网络承载能力的基础上拓展垂直行业应用，进一步增强定位、网络架构及切片能力等。3GPP 计划于 2023 年启动对 6G 的研究，而实质性的 6G 国际标准化预计在 2025 年启动。

2020 年 2 月，国际电信联盟（International Telecommunication Union，ITU）ITU-R WP5D 工作组在瑞士日内瓦召开了第 34 次会议，这次会议决定正式启动面向 2030 年关于 6G 的研究工作，会议虽然明确了 6G 技术趋势及需求愿景，但并未确定 6G 标准的具体计划。

2. 全球主要国家和地区的研究现状

➢ 中国

中国工业和信息化部将原有的 IMT-2020 推进组扩展到 IMT-2030 推进组，开展 6G 需求、愿景、关键技术与全球统一标准的可行性研究工作。中国科学技术部牵头在 2019 年 11 月启动了由 37 家产学研机构参与的 6G 技术研发推进组，开展 6G 需求、结构与使能技术的产学研合作项目。

➢ 欧盟

欧盟企业技术平台 NetWorld2020 在 2018 年 9 月，发布了《下一代因特网中的智能网络》白皮书。在此基础上，欧盟在 2020 年第三季度制定 2021—2027 年产学研框架项目下的 6G 战略研究与创新议程（Strategic Research and Innovation Agenda，SRIA）和战略开发技术（Strategic Development Advance，SDA），并在 2021 年第一季度暨世界移动通信大会上正式成立欧盟 6G 伙伴合作项目，在 2021 年 4 月开始执行第一批 6G 智能网络服务产学研框架项目。

➢ 美国

美国联邦通信委员会（Federal Communication Commission，FCC）在 2018 年启动了 95 GHz～3 THz 频率范围的太赫兹频谱新服务研究工作，从 2019 年 6 月开始发放为期 10 年、可销售网络服务的试验频谱许可。其频谱研究主要问题包括：1）95～275 GHz 频段政府与非政府共享使用；2）275 GHz～3 THz 不干扰现有频谱使用；3）非许可频谱合计 21.2 GHz 带宽，包括 116～123 GHz，174.8～182 GHz，185～190 GHz，244～246 GHz。

美国电信行业解决方案联盟（American Telecom Industry Solutions，ATIS）在 2020 年 5 月发布了 6G 行动倡议书，建议政府在 6G 核心技术突破上投入额外研发资金，鼓励政府与企业积极参与制定国家频谱政策。目前，美国希望主导的未来 5G 与 6G 核心技术包括 5G 集成与开放网络（Integrate and Open Networks，ION），支持人工智能的高级网络和服务，先进的天线与无线电系统（95 GHz 以上 THz 频段），多接入网络服务（地面与非地面网络，自我感应以支持超高清定位等应用），智能医疗保健网络服务（远程诊断与手术，利用多感测应用、触觉互联网和超高分辨率 3D 影像等新功能）和农业 4.0 服务（支持统一施用水、肥料和农药）。

> 芬兰

芬兰在 2018 年 5 月率先成立了芬兰奥卢大学牵头管理的 6G 旗舰项目，项目成员以芬兰企业、高校与研究所为主，该项目计划在 2018～2026 年投入 2.5 亿欧元用于 6G 研发。芬兰奥卢大学每年 3 月牵头组织召开 6G 无线峰会，主要厂家与运营商均发表 6G 技术峰会演讲，并在会上与会下技术讨论的基础上于 2019年 9 月发布了《面向 6G 泛在无线智能的驱动与主要研究挑战》白皮书。

6G 无线峰会起草的 12 个技术专题的 6G 技术白皮书在 2020 年下半年发布，包括 6G 驱动与联合国可持续发展目标，垂直服务验证与试验，无线通信机器学习，B5G 联网，宽带连接，射频技术与频谱，偏远地区连接，6G 商务，6G 边缘计算，信任安全与隐私，6G 关键与大规模机器通信，定位与传感。

> 日本与韩国

日本在 2020 年夏季发布 6G 无线通信网络研究战略。

韩国政府电子与电信研究所（Electronics and Telecommunications Research Institute，ETRI）在 2019 年 6 月与芬兰奥卢大学签订了 6G 网络合作研究协议；三星自 2019 年开始重点研究 6G；LG 在 2019 年 1 月与韩国科学技术研究所（Korea Advanced Institute of Science and Technology，KAIST）合作建立了 6G 研究中心；SKT 与厂家联合研究 6G 关键性能指标与商务需求。

问　与　答

1. 5G 的全称是什么？

答：5G 是 "The Fifth Generation Mobile Communication System" 的缩写，中文全称为 "第五代移动通信系统"。

2. 5G 的应用场景有哪些?

答:根据 IMT-2020 的协议规定,5G 的应用场景主要分为三类,分别是:增强型移动宽带业务(eMBB)、大规模物联网业务(mMTC)、低时延高可靠通信业务(uRLLC)。

3. 5G 的技术优势有哪些?

答:相较于前几代移动通信系统,5G 的优势在于峰值速率、流量密度、用户体验速率、连接数密度、端到端时延以及移动性等方面,同时 5G 还在能效、频谱效率、成本效率等关键指标方面表现突出。

第 2 章　5G 网络架构——整体结构知多少

2.1　概　　述

2.1.1　何谓架构

何谓"架构"？我们先来看看常见的企业"架构"，一个企业的运转必须依靠明确清晰的部门构成、职责分工和规章制度，用以定义各部门、各职位的责任划分及其相互间的对接方式。

至于网络架构，用专业的话来说，是指为了设计、构建和管理通信网络而提供构架和基础技术的蓝图，包括网络协议、接口类型及网络布线类型等在内的数据网络通信系统的各个方面。

网络架构包括接入网、承载网、核心网三部分。接入网指承载网到用户终端间的所有通信设备，常见的 WiFi 和移动通信基站都属于接入网。在图 2-1 中，我们用物流行业来做比喻，接入网可以比作物流公司的收件配送部门，作为收发顾客"数据包裹"的窗口；核心网可以比作物流公司的管理中枢部门，负责管理这些"数据包裹"并对其进行分拣，决定其去处；承载网则是物流公司的运输部门，用汽车、火车、飞机等交通工具将"数据包裹"送到各地。

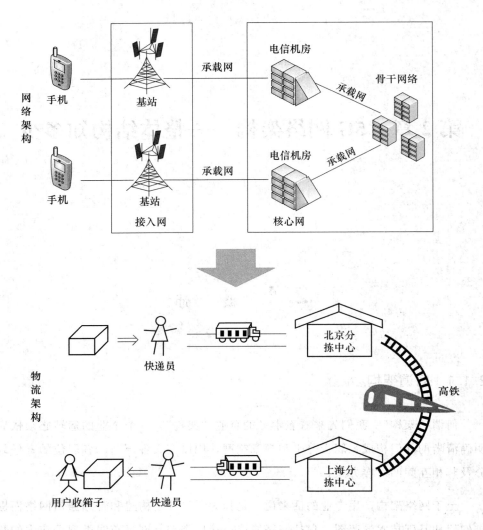

图 2-1　移动网络架构及类比

2.1.2　5G网络架构

5G 的接入网具有更密集的基站建设以及更智能的基站间协作能力。5G 的承载网带宽更宽、时延更短。5G 的核心网通过基础设施平台以及网络架构的技术创新使网络更加虚拟化，促使通信资源的分配更加灵活细致。

实现 5G 平台的基础是网络功能虚拟化（NFV）和软件定义网络（SDN）。这两种技术的引入，推动了 5G 网络架构的革新，使得 5G 网络逻辑功能更加聚合以及逻辑功能平面更加清晰。运营商可以根据不同的场景和业务需求来灵活组合功能模块，以增强网络功能的弹性和自适应性。

根据图 2-2 所示的 5G 网络架构图，我们不难看出 5G 网络架构具有严格的功能分区，这就像是一个组织严密的公司，每个部门各司其职又协调配合。

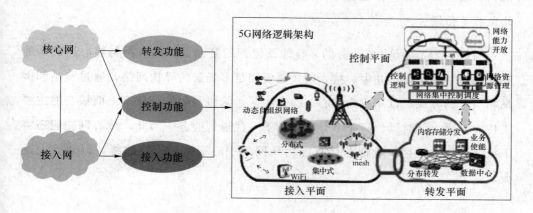

图 2-2　5G 网络架构图

1. 接入平面

接入平面融合了多种无线接入技术（Radio Access Technology，RAT），主要是满足 5G 多样化的无线接入场景和高性能指标要求，为用户提供差异化服务，其中包括传统的 D-RAN 接入（分布接入网）、WiFi、宏站、C-RAN（云接入网）、D2D（终端之间通信）、MTC 接入（机器类通信）。接入平面的基站间交互能力增强，具有更为灵活的资源调度和共享能力，通过综合利用分布式和集中式组网机制，实现动态灵活的接入控制、干扰控制、移动性管理。

2. 控制平面

控制平面功能包括控制逻辑、按需编排和网络能力开放。控制逻辑通过网络功能重构，实现控制功能的集中化以及控制流程的简易化，适配不同场景和网络环境的信令控制要求。按需编排发挥虚拟化平台的能力，面向差异化业务需求按需编排网络功能，并进行接入和转发资源的全局调度。网络能力开放通过引入能力开放层，实现运营商基础设施、管道能力和增值业务等向第三方应用友好开放的网络能力。

3. 转发平面

转发平面功能包含用户面下沉的分布式网管、集成边缘内容缓存和业务流加速。在转发平面中，将网管中的会话控制功能分离，简化网关，将网关位置下沉，实现分布式部署，通过网管锚点和移动边缘计算，来实现高容量、低时延、均负载等传输。

同时，为了满足 5G 业务的多样性及运营的复杂性，接入网与核心网的功能还需要进一步增强。其中，接入网还需要满足多场景的异构网络，通过宏站和微站相结合的方式，以用户为中心，提升小区边缘协同的处理效率。而核心网主要支持大容量、低时延、高速率等特点的下一代通信业务，因此，核心网功能还将下沉，将业务储存以及部分计算能力从网络中心下沉到网络边缘，以支持上述要求。

2.2 超密集组网架构——多多益善

我们要知道，无线通信的传输载体是电磁波，随着前四代移动通信技术的发展，移动通信所使用的电磁波频率越来越高，这是因为频率越高频带资源越丰富，传输速率就越高。更丰富的频带资源就像更宽的高速公路一样，可以允许更多的车更快地通行。5G 所采用的毫米波频段带宽是 4G 的 20 倍，"车道"容量大幅增加。图 2-3 展示了 4G、5G 网络容量对比。

但是，由于电磁波的自身特性——频率越高衰减越大，频率越高绕射能力越差，所以一旦移动通信选用高频段电磁波，信号的有效传输距离就会大幅缩短，基站的覆盖能力会大幅减弱。4G 基站如同可以照亮很大范围的大型探照灯，5G 基站则如同只能照亮小范围的小型台灯。因此，覆盖相同面积区域所需要的 5G 基站数量将远远多于 4G 的基站数量，这样的"超密集"基站建设既是 5G 组网必然要做的，也是其优势之处。4G、5G覆盖范围对比如图2-4所示。

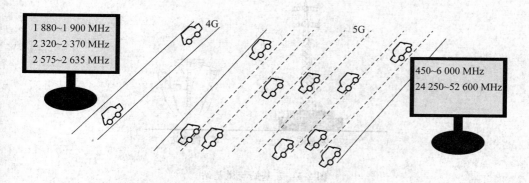

图2-3 4G、5G网络容量对比

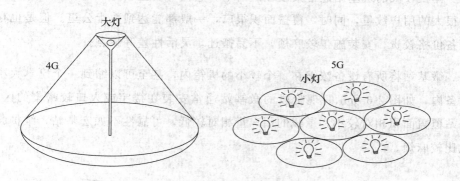

图2-4 4G、5G覆盖范围对比

事物都有两面性，超密集组网虽然可以提供更高的传输速度和更大的通信容量，但基站的密集建设必然会提升运营商的网络建设成本，这也是先前移动通信系统一直选用相对较低频段的原因所在。因此，为减轻网络建设的成本压力，5G必须寻找一条新的出路——微基站。

2.2.1 宏基站与微基站——各式各样

现阶段的基站大致可以分为宏基站和微基站两种，如图2-5所示。顾名思义，微基站很小，宏基站很大！这里的"小"和"大"当然不仅仅指基站的体积，还包括覆盖范围、接入容量、发射功率等。

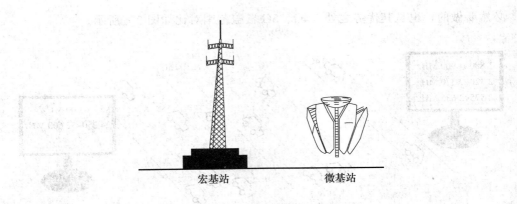

宏基站   微基站

图 2-5　宏基站与微基站

体型较大的宏基站通常架设在铁塔上。它们可靠性较好，维护方便，能够承载很大的用户数量，同时，覆盖面积很广，一般都能达到数十公里。但是也存在设备价格较贵，安装施工较麻烦，不易搬迁，灵活性差等缺点。

微基站将所有设备浓缩在一个较小的机箱内，甚至可以缩到一个巴掌大小的设备内，如图 2-6 所示。现阶段的微基站通常安装在楼宇或人口较密集的区域，基站覆盖面积相对较小，承载的用户量相对较低，可靠性不如宏基站，维护起来也比较麻烦。

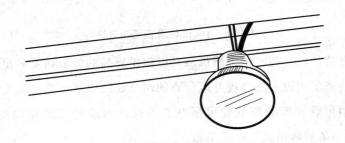

图 2-6　小小的微基站

如果你仔细观察生活中的建筑物，4G 时代的微基站并不少见，在城区室内会经常看到。而到了 5G 时代，微基站数量会增长许多倍，几乎随处可见。你肯定会问，那么多基站在我们身边，会不会对人体健康造成影响呢？

事实和传统认知恰好相反，基站数量越多，辐射反而越小！想象一下，在冬天的教室里，你觉得是一个大功率取暖器好，还是几个小功率取暖器好？结论是几个小功率分开取暖好。那么同样，基站小，功率低，对大家都好。看看图 2-7，如果只采用一个大基站，我们离得近辐射大，离得远没信号，反而不好。密集的微基站使每部手机在移动中总会在某个基站附近，手机需要发射的信号功率同样会较低，更加省电。

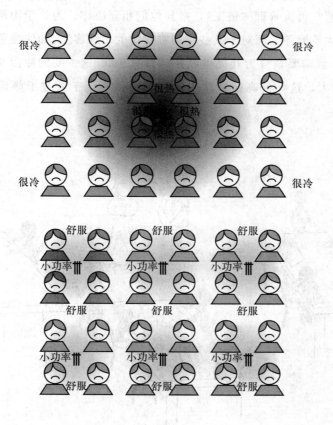

图 2-7　宏基站与微基站信号功率对比

2.2.2　基站部署模式——齐心协力

5G 超密集组网可以划分为"宏基站 & 微基站"与"微基站 & 微基站"两种部署模式，它们通过不同的方式实现干扰与资源的调度。

1. 宏基站 & 微基站部署模式

此模式下的 5G 超密集组网架构为一个宏基站和多个微基站共同负责覆盖并服务某一片区域的用户，如图 2-9 所示。覆盖范围广的宏基站就像是一个控制全场的"主管"，覆盖范围小但是距离用户较近的微基站更像是提供微笑服务的"员工"。"主管"负责管理"员工"，指导他们相互协作，为处于不同地理位置的"顾客"提供优质服务。而对于某些特别难对付的"顾客"（如快速移动的终端设备），"主管"就需要亲自为其提供服务，如图 2-8。这主要的原因是宏基站的覆盖范围相对较大，这样使高速移动中的终端设备不至于太过于频繁地在基站间切换。

图 2-8 "主管"与"员工"模式餐厅

2. 微基站 & 微基站部署模式

此模式下的 5G 超密集组网架构是多个微基站共同协作以为某一片区域的用户提供服务。此协作方式根据该区域当时用户数量的不同而灵活变换。当微基站们失去了"领导者"该怎么进行协作呢？机智的它们决定采用虚拟小区技术如图 2-10 所示，共同组成"合作委员会"——虚拟宏小区。除了共享部分信道资源而配备"耳麦",便于"员工"们随时沟通协调,为"顾客"提供更优质的服务外,"合作委员会"也会选出一个微基站作为"领班"去替代上一模式中的"主管"。

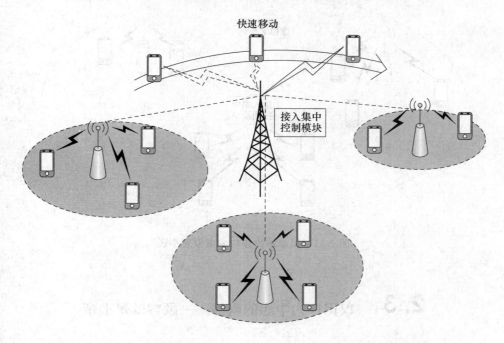

图 2-9　宏基站 & 微基站部署模式

图 2-10　员工合作自治餐厅

图 2-11 为微基站协作构成虚拟宏小区。

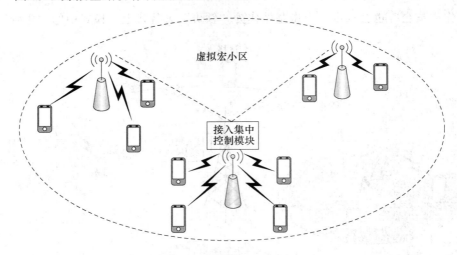

图 2-11　微基站协作构成虚拟宏小区

2.3　以用户为中心的网络——顾客就是上帝

构建以用户为中心的网络（User-Centric Networks，UCN）是 5G 从标准制定到技术实现一直希望达到的目标之一。5G 网络以用户为中心的核心思想是——终端用户可以按需选择、创建及控制为其提供服务的网络。

传统的网络架构一般以基站为中心，一个基站同时为多个用户提供服务，每个用户仅与一个基站相连接。但是每个基站的覆盖范围是有限的。比如用户在移动过程中可能会从一个基站覆盖的小区到另一个基站覆盖的相邻小区，当在两个小区的边界时，就会存在信号切换的问题，这有点像图 2-12 中的接力赛跑，在交接切换环节总是最容易出现"掉棒"的问题。

由于用户总是优先连接信号质量最好的基站，所以在 5G 的超密集网络中，快速移动的用户终端必然会在沿途基站间进行频繁地切换。这就意味着"掉棒"的概率会大大增加。图 2-13 为传统网络架构下移动用户的切换过程。

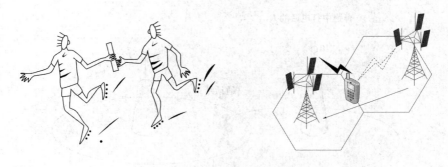

图 2-12 小区间硬切换与接力赛跑

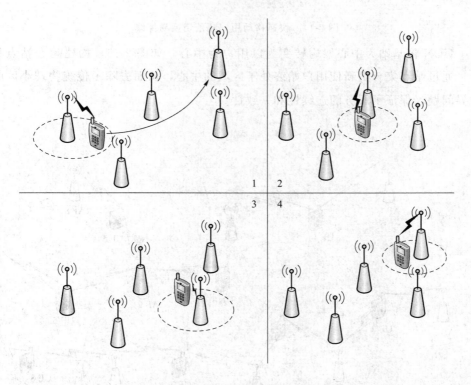

图 2-13 传统网络架构下移动用户的切换过程

特别是对于那些移动速度很快的用户终端，可能存在用户在离开前一个基站的服务范围时，下一个基站还没来得及为它提供服务，造成"掉线"问题，十分影响用户的实际体验，如图 2-14。

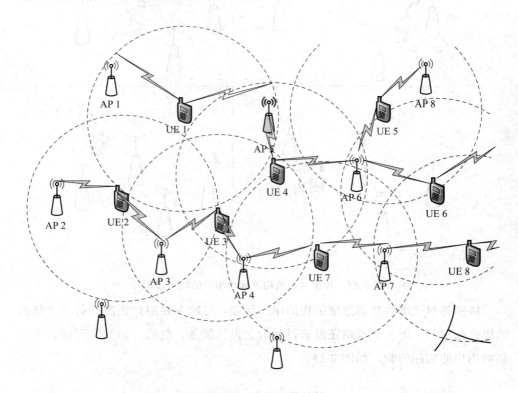

奔跑中打电话的人

通话结束

范围边缘

图 2-14　快速移动用户频繁切换易掉线

UCN 将基站为中心架构转变为以用户为中心，如图 2-15，构建动态站点集合。通过站点集合更新使用户始终处于区域的中心，从而去除了传统物理小区的边界问题，保证了服务的连续性和一致性。

图 2-15　UCN 网络结构

通俗地来说，在 5G 网络架构中一个用户可以同时与多个基站相连接，所以我们可以将用户作为新"小区"的中心，调用该用户附近的多个基站共同为其提供服务。当用户位置变化时，为该用户提供服务的基站群自动排除距离较远、信号质量较差的基站，重新选择距离用户新位置较近、信号质量较好的基站为其服务。UCN 基站群的设计可以使用户即使基站正在切换的状态下也可与另一些基站保持连接，这样就简化了小区切换的过程，降低了传统网络中"掉棒"问题的产生，如图 2-16，图 2-17 所示。

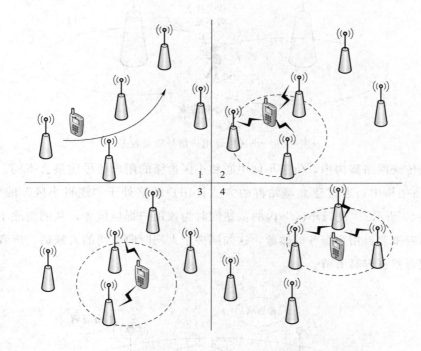

图 2-16　UCN 架构下移动用户的切换过程

图 2-17　UCN 保证切换过程平稳

此外，如同人们通常很难听清远处的人说话一样，当用户处在小区边缘距离基站较远位置时，如图 2-18，信号质量往往较差。在以基站为中心的传统网络架构中，用户只与一个基站连接，那么用户只能选择信号相对较好的基站提供服务。这样我们就知道为什么处于小区交界处的用户信号质量较差了。

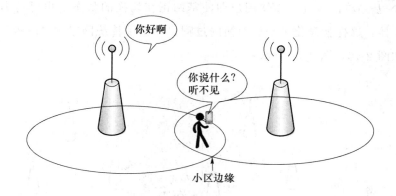

图 2-18　小区边缘用户信号质量较差

在传统网络架构中，位于小区中心和小区边缘的用户信号质量会不同。但在 5G 网络架构中，通过建立基站群的方式让用户始终处于"逻辑小区"的中心，如图 2-19 所示。"逻辑小区"内的基站同时为该用户提供服务，从而消除小区边缘的影响来改善用户服务的体验，这如同多个人同时向中间的人喊话，声音叠加在一起自然更容易听清。

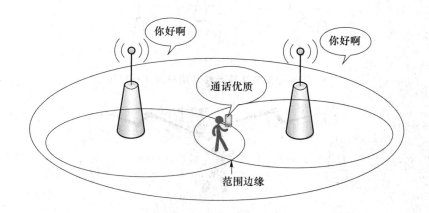

图 2-19　UCN 提升服务质量

2.4　C-RAN——四个 "C"

随着网络规模的扩大和业务的增长，无线接入网的建设面临诸多挑战：站址密集造成基站选址越来越困难；话务的"潮汐效应"导致通信资源得不到很好的利用；不断增加的基站导致高额的能耗。面对5G网络的新挑战，新的网络架构 C－RAN（Centralized Radio Access Network，集中式无线接入网）被引入而来，以适应新的环境，如图2-20所示。

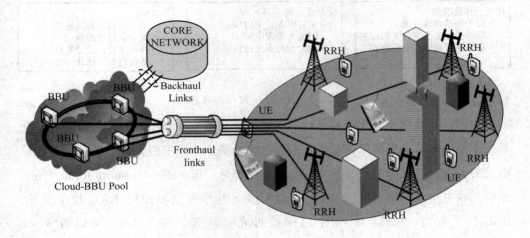

图 2-20　C-RAN 网络结构

C-RAN 中的 "C" 除了集中式 "Centralized"，实际上还有更深层次的含义，即基于集中化处理（Centralized Processing）、协作式无线电（Collaborative Radio）、云计算架构（Cloud Infrastructure）和绿色无线接入网架构（Clean System）的 4 个 "C"。这四个 "C" 很形象地介绍了 C-RAN 的特点，其通过有效地减少机房的数量，达到降低耗电量的目的；采用虚拟化、集中式和协作式的技术，达到资源的有效共享。具体应用在基站的层面，主要采用集中化和虚拟化技术把基站集中起来，构建一个大的基站资源池，同时采用虚拟化集群，这样多个基站群之间进行资源的共享和调度以有效地减少机房的设备来提高资源利用率。

其实 C-RAN 并不是一种全新的技术，而是从 3G 时代就开始演进革新的一种通信技术。演进如图 2-21 所示。

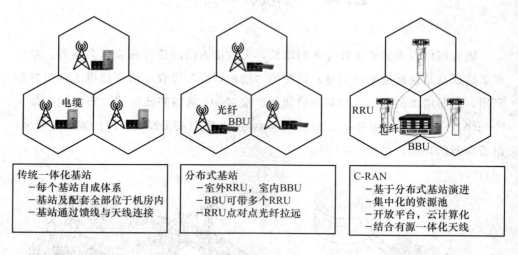

图 2-21 C-RAN 架构的演进

初期，基站主要分为两种类型：传统一体化基站和分布式基站。传统一体化基站中每个基站自成体系，基站及配套设施全部位于机房内，基站通过馈线与铁塔上的天线相连。分布式基站将基站分为两部分，即 RRU（Remote Radio Unit，远程无线电单元）和 BBU（Base Band Unit，基带带宽单元）。RRU 位于室外，BBU 位于室内，RRU 与 BBU 之间通过光纤连接，每个 BBU 可以带 3～4 个 RRU。

之后，C-RAN 在全球许多国家和地区得到越来越广泛地使用。但是在 CPRI（Common Public Radio Interface，通用公共无线电接口）的限制和现有 BBU/RRU 接口带宽要求高的影响下，如果沿用 CPRI 进行前传组网，则会限制 C-RAN 的大规模部署。面向 4.5G 和 5G 的无线技术也对现有的 CPRI 提出了新的挑战。另外，CPRI 是一种基于 TDM 的定速率前传接口，即使在没有业务负载的情况下仍有 CPRI 流，数据传输效率低。

直到 2016 年，面向 5G 的 C－RAN 架构做出了新的改变——在无线资源虚拟化中引入 NFV 和 SDN，以及将 5G 网络中 BBU 功能进一步切分为 CU（Central Unit，中央单元）和 DU（Distributed Unit，分布式单元）。其中，对于

CU 和 DU 功能的切分以处理内容的实时性进行区分：CU 设备主要包含非实时性的无线高层协议栈功能，同时也支持部分核心网功能下层和边缘应用业务的部署。而 DU 设备主要处理物理层功能和实时性需要的数据链路层功能。考虑节省 RRU 和 DU 之间的传输资源，部分物理层功能也可上移至 RRU 实现。图 2-22 为 5G 的 C-RAN 部署实例。

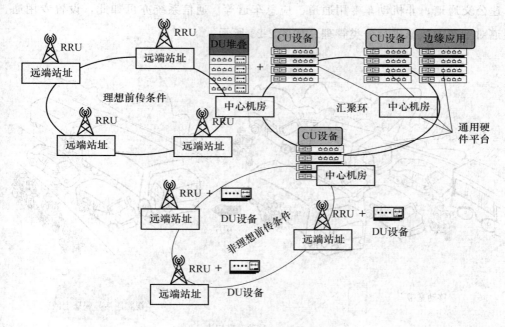

图 2-22　5G C-RAN 部署实例

2.5　网络切片技术——各有所长

首先要了解网络切片是什么？

既然要"切"那就需要用"刀"，如果把 4G 网络比作一把削铁如泥的宝刀，那 5G 网络则堪称一把多功能军刀，灵活方便，用途多样。然而，"切片"切的到底是什么？切出来的又是什么？在解答这些问题之前，我们先来看看"切片"的灵感来源。

先从运维管理的角度来看，如果把移动通信系统比作交通系统，那么网络连接便是四通八达的道路，而在其上传输的大大小小的数据包则是来往的车辆。在万物互联的 5G 网络中传输数据量必然数倍增加，那么如何缓解由此带来的网络拥塞问题，我们可以参考交管部门的解决方案。在交通系统中为缓解城市交通拥堵，交管部门会根据不同的车辆以及它们的运营方式进行分流管理，比如设置快速公交通道、非机动车专用通道、应急车道等。通信系统亦可如此，设置专用通道对不同的数据进行分类管理。如图 2-23 所示。

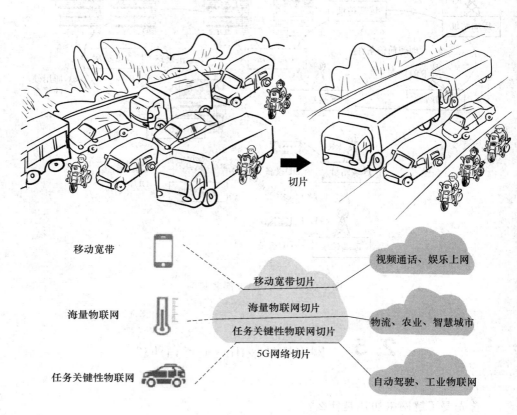

移动宽带

移动宽带切片

视频通话、娱乐上网

海量物联网

海量物联网切片

任务关键性物联网切片

物流、农业、智慧城市

5G网络切片

任务关键性物联网

自动驾驶、工业物联网

图 2-23　网络切片——分流

再从业务应用的角度来看，传统的前几代移动通信系统只实现单一的业务需求，比如通话或是上网，无法满足数据业务爆炸式增长所带来的新需求。一个重要的原因是传统网络结构类似于混凝土高楼，建成后难以进行拆改。于是，为了面对未来日益增长的多连接和多样化的数据需求，便于新业务的快速上线，5G

网络结构的设计变成类似于搭积木的方式，可以灵活地根据需求进行部署变化。正如图 2-24 形象地描述。

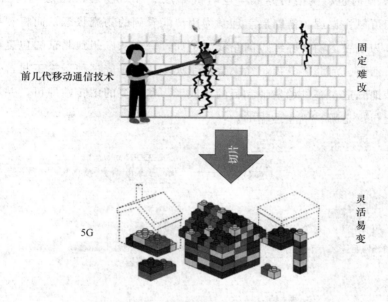

图 2-24   4G、5G 网络部署灵活性对比

5G 移动通信网络既要做到"分类管理"，又要做到能够"灵活部署"，于是网络切片这一概念应运而生。网络切片，本质上就是将运营商的物理网络划分为多个虚拟网络，每一个虚拟网络根据不同的服务需求，比如按照时延、带宽、安全性和可靠性等来划分，以灵活的方式应对不同的网络应用场景。网络切片还具有资源安全隔离的优势，即一个切片的异常不会影响其他切片的正常工作，以及具有优化网络资源分配，实现最大成本利用效率等优势。

现在我们清楚了"切片"切的就是 5G 网络。那么，需要用什么"刀"来完成？切出来的"片"又是什么呢？

这时我们就需要了解这把名为"NFV"的专业"切片刀"了。

网络功能虚拟化（Network Function Virtualization，NFV），顾名思义，即是用"虚拟化"的软件来安装、控制、操作那些运行在"真实的"通用硬件上的网络功能。NFV 将传统的各种专业网络设备分解为软件和硬件两部分，硬件部分由通用服务器统一部署，软件部分由不同的网络功能（Network Function，

NF）承担，从而实现灵活组装业务的需求。

NFV 同时也将网络切分成"逻辑链路层"和"物理链路层"。类比物流运输，我们可以将"逻辑链路层"理解为用户能看到的物流状态，而将"物理链路层"理解为包裹运输实际经过的路线。例如：一个从广州到北京的包裹可能会经过江西、河南、河北等省市，途中会使用火车、汽车等多种运输工具，但用户只需要清楚地知道包裹的始发地和目的地或者一些重要的中转站即可，并不需要清楚地知道包裹是哪一辆车运输的。

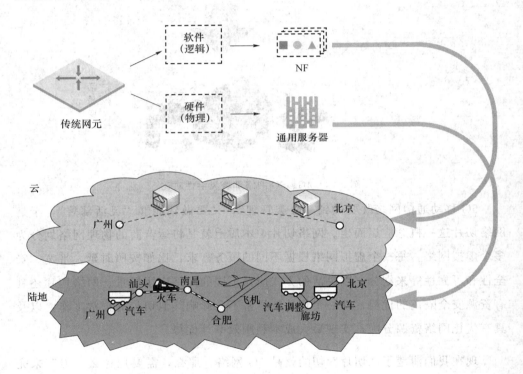

图 2-25 逻辑与物理 & 软件与硬件

我们可以将多样的 NF 看作多样的物流套餐，即用户可以根据需求选择使用的快递箱是大的还是小的，目的地是就近地区的还是偏远地区的，运输工具是飞机还是火车。于是，切的逻辑概念就变成了对 NF 资源的重组。不同的通信服务场景具有不同的"寄件需求"，就像寄一封信，一箱衣服或是一些生鲜对物流服务的需求均不同，那么对物流套餐的选择自然也不同。

2.6   5G中的人工智能——聪明伶俐

5G 网络最大的特性之一就是高度灵活性，根据不同的应用场景和业务需求进行网络切片，这就要求 5G 网络在部署规划、运行维护等方面具备高度的自动化和智能化，能够进行自动的网络能力编排。如果还是采用传统的网络规划、优化、部署及编排方式，是很难实现的。

因此，5G 网络的建设是以人工智能（Artificial Intelligence，AI）为核心构建的一个自动化运维体系。对网络运行状态进行实时监控，对网络行为进行精准预测，对故障进行自动恢复，并且实现切片分钟级上线，以满足快速变化的市场需求。

人工智能的学习过程是模仿人脑学习的过程。回忆一下，就像图 2-26 我们小时候上数学课，老师是怎样教我们学习做加法运算的呢？要让小朋友们直接理解"加"这个概念往往一时很难做到，这时老师会举很多例子让他们明白其中的规律，让他们逐渐领悟到"加"的含义。

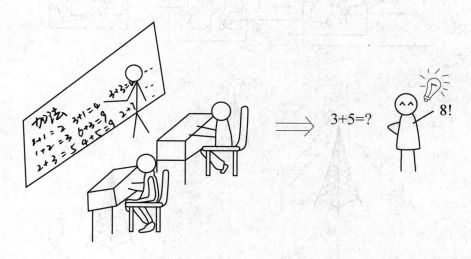

图 2-26 学习"加法"的过程

所谓人工智能就是用计算机来模拟人类的某些思维和行为，让计算机能够实现人脑的智慧行为，如学习、规划、思考等。通过了解智能化的实质，让计算机产生一种与人类思想和活动相类似反应的智能。人工智能的研究包括机器人、图像识别、语音识别、感应识别处理等系统。

和人类学习相似，AI 的训练和学习同样需要很多的"例子"。但和人类独有的举一反三的思考能力不同的是，AI 需要比人类要学习更多的数据来进行模型训练。例如，图 2-27 中 5G 网络利用 AI 来分配通信资源，以决定基站给哪些用户提供多大功率的服务，于是，通过输入大量现有的资源分配案例，让 AI 学习机可以"学会"怎样分配通信资源。

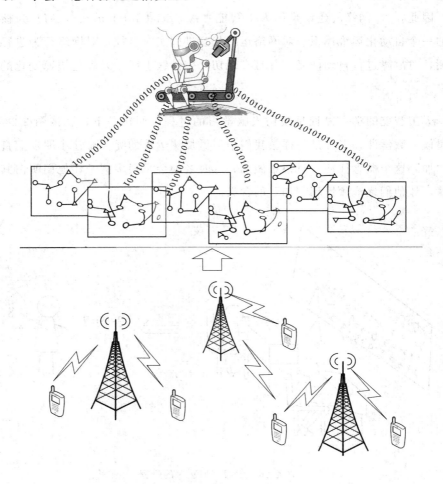

图 2-27　训练 AI 学习机

与计算复杂耗时较长的传统资源分配不同，AI学习机在训练完成后就像图2-28的机器人可以很快地"回答"出问题的解决方案，以应对结构更加复杂、需求变化更快的通信网络。此外，AI学习机还可以根据以往的数据预测未来的网络变化，提前准备以便持续为用户提供优质的服务。

图 2-28　神奇的 AI 技术

5G为人工智能技术的发展带来新契机，人工智能技术的准确性依赖于大量的数据积累。目前，我国互联网的使用范围在持续扩大，很多人工智能服务企业掌握着大量的数据信息，然而随着大数据不断地积累，数据规模不断上升，也加重了数据存储和数据传输的压力。作为新一代移动通信技术，5G具有更快的传输速度、更大的数据存储空间、更低的通信延迟等优点，可以为人工智能技术提供更快的响应速度、智能的应用模式以及智能化的行为体验，5G不仅能够带来更快的网速体验，更能够补足制约人工智能技术发展的短板。因此，5G对于人工智能技术的发展至关重要。

人工智能技术为5G的智能化提供相应技术保证。根据5G网络的设计规划，5G将会应用在不同行业领域。5G网络通过高频段毫米波输出、新型多天线输出、密集网络及新型网络构架等先进技术优化配置参数，网络运营能力会明显增强。但随着用户对网络要求的不断提高，对于网络日常运行及优化维护提出更高要求，因此网络工作的复杂程度随之增高。人工智能技术在提升网络自动化水平中也能够发挥至关重要的作用。比如运营商在日常运营过程中所积累的大量数据，如利用人工智能技术为其网络自动化运行提供技术支撑，可为用户提供更精准更高效的数据服务，形成更大范围的网络覆盖区域，以降低网络运营成本。

2.7 5G中的无人机——灵活机动

无人机（Unmanned Aerial Vehicle，UAV）基站具有灵活部署的特点，可以作为空中接入节点提供更灵活的网络覆盖，成为5G网络中重要的组成部分。

UAV基站在5G通信系统中有很多应用场景，比如在图2-29中的地震、泥石流、洪水等灾害发生的时候，传统通信基站往往会发生损毁，无法正常工作。这时，就可以利用无人机搭载通信基站，为灾区提供临时的通信信号覆盖服务。

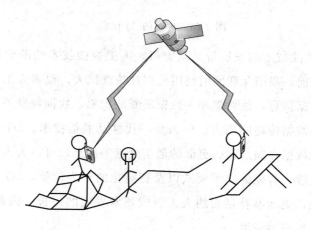

图 2-29　UAV 基站为灾区服务

此外，UAV基站还可以为热点地区提供补热覆盖，如图2-30所示。比如音乐会或运动会在举办时，需要信号转播或者满足大量用户的通信需求，已有的宏基站难以支持现有需求，此时，便可以通过部署无人机提供短期信号来覆盖。这就像许多人聚会时一张桌子无法坐下，只能在旁边增加一张临时用的小桌，这样才可以让所有人都一起坐下享用美食。

图 2-30　UAV 基站补热覆盖

　　由于电磁波的穿透能力有限，就像光被挡住一样，通信信号同样会被建筑物遮挡而留下"阴影"，而影响用户的通信质量。因此，我们可以利用如图 2-31 所示的 UAV 基站为在建筑物"阴影"中的用户提供服务，来改善他们的通信质量，就像黑暗中的路灯照亮黑暗处一样。

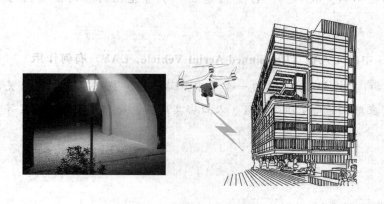

图 2-31　UAV 基站为建筑物阴影补盲

问 与 答

1. 5G 网络架构为何要密集地建设基站？这会增加辐射影响人们的健康吗？

答：超密集基站建设可以提供更高的传输速度和更大的通信容量，为用户提供更好的服务。虽然基站数量在变多，但每个基站的功率在变小，总辐射反而变小，不会影响人们的健康。

2. 5G 架构的以用户为中心的网络和传统架构的以基站为中心的网络有何区别？

答：以用户为中心的网络使用户始终处于小区中心，多个基站可协作提供服务，相较于以基站为中心的网络具有切换更平稳、信号质量更稳定的优势。

3. 网络切片技术用什么"切刀"？"切"的是什么？

答：网络切片技术以网络功能虚拟化（Network Function Virtualization，NFV）技术为"切刀"，将 5G 网络"切"为各有所长可以灵活部署的不同"切片"。

4. 5G 中的人工智能（Artificial Intelligence，AI）与其他领域中的人工智能应用有何异同？

答：5G 中的 AI 与其他领域中的 AI，如人脸识别，在原理上类似，只是 AI 解决的问题不同。5G 中的 AI 旨在建立一个智能化的移动通信网络运维管理系统。

5. 5G 中的无人机（Unmanned Aerial Vehicle，UAV）有何作用？

答：5G 中的 UAV 可作为一个空中基站为用户提供服务，具有灵活机动的特点，可应用在通信受阻的灾区、人口密集地区、局部信号较差地区等场景中。

第3章　高速率——让网速从此坐上火箭

3.1　从香农公式说起

现代通信技术，无论怎么发展，归根到底分为有线通信和无线通信。从字面意思就很容易理解，在实质物体（网线，光缆等）上传输信息的就是有线通信，在空中利用电磁波传输信息的就是无线通信。有线通信以光纤为例，实验室已经可以实现最大 26 Tbit/s 的速度，而无线通信的速率提升才是通信技术的瓶颈所在。

这时我们就不得不提到一个人——香农。天下武功出"香农"，如图 3-1 所示，他在 20 世纪 40 年代末先后发表了《通信的数学原理》以及《噪声下的通信》两篇论文。在这两篇论文中，香农阐明了通信的基本问题，给出了通信系统的模型，并提出了信息量的数学表达式，也就是著名的香农公式：

$$C = B \log_2(1 + S/N)$$

其中 C 表示系统理论最大的信息传输速率，B 表示系统带宽，S 表示信道内所传信号的平均功率，N 表示信道内部的高斯噪声功率。这个公式的伟大之处在于香农通过严格的证明给出了系统最大信息传输速率的理论最大值。可以说，无论哪一代移动通信，凡是跟传输速率有关的，都必须在这个公式上做文章。

图 3-1　天下武功出"香农"

通过香农公式不难看出提高信息传输速率最直接的方法就是提高频谱带宽 B，如果将信道比作高速公路的话，提高频谱带宽就好比将高速公路由原来的单车道扩展成了多车道，如图 3-2 所示。这样，道路的运输能力自然也就上升了。

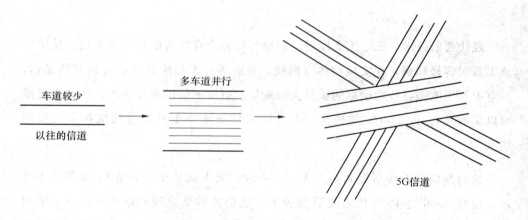

图 3-2　5G 信道的"高运输能力"

至于将车道增多的方法，我们将其总结为以下三种：

（1）应用毫米波（mmWave）技术。这是由 $c = \lambda v$（光速＝波长×频率）所决定的，当波长越短时，频谱带宽也就越宽。

（2）提高频谱利用率。大规模天线阵列技术可以充分利用空间资源，提高频谱利用率，将原来在二维平面上传输的信号变成三维的，这就相当于在原来的道路上再建高架桥，这样就大幅度提高了交通的运输能力。

（3）采用 CCFD（Co-frequency Co-time Full Duplex，同时同频全双工）、3D 波束赋形（对射频信号相位的控制，使得电磁波精准的指向所需服务的移动终端）和 D2D（Device to Device，设备到设备通信，同基站下终端与终端可直接通信，无须经过基站）等技术。以此提高在传输过程中的效率，空间利用率和抗干扰性及降低能耗。

3.2 关于毫米波的那些事儿

3.2.1 电磁波的波长与用途

经过上一节的介绍，我们知道无线通信就是利用电磁波进行信号传播的，而电磁波的功能特性，是由它的频率所决定的，不同频率的电磁波具有不同的属性，相应也会有不同的用途。

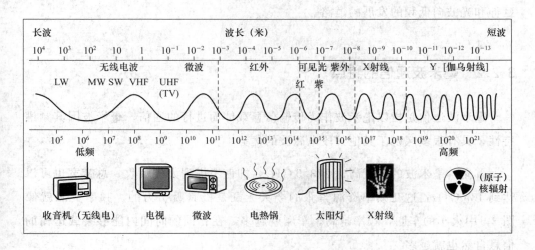

图 3-3 电磁波的波长与频率以及其用途

从图 3-3 可以看出，电磁波的用途很多，我们可将电磁波按照频率分配给不同的用户对象。我们熟知的通信一直是利用中频到超高频之间的电磁波进行通信的，比如国内 LTE（Long Term Evolution，长期演进技术）通信频段就在 1 880

～2 655 MHz 之间。而为了避免电磁波在使用时相互之间产生干扰或者冲突，我们在开始是给电磁波划分固定的车道，如图 3-4 所示。

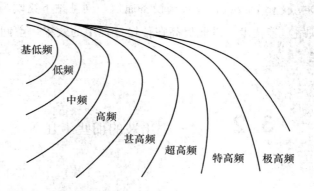

图 3-4　电磁波频率划分

在 5G 通信技术中使用的电磁波频率主要分为两种。一种是 6 GHz。另一种是 24 GHz，这个频段的电磁波波长已经小至毫米级别，因此我们将用于 5G 通信载体的电磁波称作毫米波（mmWave）。由于毫米波工作频率介于微波和远红外波之间，其兼具这两种频谱的特点，因此毫米波的理论技术发展是微波向高频的延伸和光波向低频的发展的道路。

3.2.2　毫米波通信的特点

毫米波通信是指以毫米波作为传输信息载体而进行的通信。毫米波因其频谱特性，具有很多区别于其他频段电磁波的优势。

首先，毫米波的带宽高达 273.5 GHz，即使考虑到大气吸收，总带宽也可以达到 135 GHz，这在频率资源紧张的今天无疑是极具吸引力的。频率资源就像图 3-5 中火车的车厢，频率越高，车厢就越多，在相同的时间内能够装载运输的信息自然也就越多。

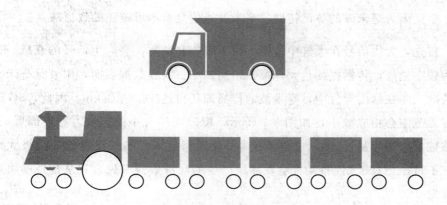

图 3-5 毫米波丰富的频谱资源

  其次，由于毫米波以直射波的方式在空间进行传播，波束很窄，是一种典型的视距传输方式，因此具有良好的方向性和稳定的可靠性。微基站在 5G 架构中被大量部署的另一个原因是毫米波通信传输距离短的原因。图 3-6 把微基站形象地比喻成小功率的取暖器。

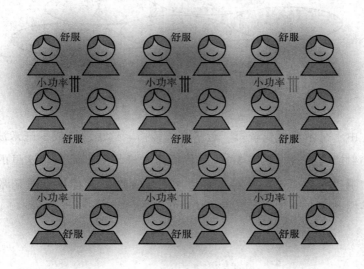

图 3-6 微基站与小功率取暖器的类比

也正因为毫米波的频谱特性，毫米波通信具有不可避免的致命缺点。

首先，无线信号在大气中传播，由于吸收和散射，会产生信号的衰减。通常认为频率越高，传播损耗越大，覆盖距离越小。实验数据表明，雨衰是毫米波最大的敌人，在暴雨天气中，毫米波的传播损耗可达 18.4 dB/km。因此，5G 通信的覆盖范围会相应减小，如图 3-7 所示，覆盖同样大小的区域，需要部署的 5G 基站数量将远远超过 4G，这也就使得 5G 通信技术的基础设施投入会极大地增加。不过，相对于 5G 推动社会发展所产生的经济效益来说，其基建成本可谓微乎其微。

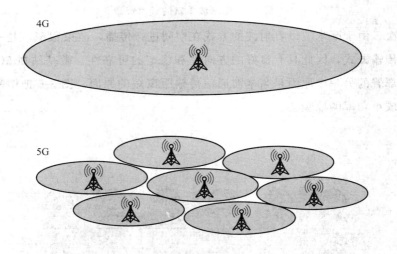

图 3-7　4G 与 5G 基站的覆盖范围比较

其次，由于毫米波波长较短，近乎直线传播，这也就铸成了毫米波的另一个缺点——绕射能力很差。如图 3-8，其传输路径极易受到阻挡，这里的阻挡不仅仅是建筑物阻挡那么简单，其实具有运动不确定性的人体也会对毫米波产生阻挡，甚至手握的移动设备也是具有阻挡效果的。

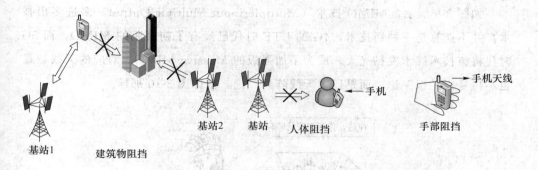

图 3-8 被阻挡的毫米波

3.3 波束赋形技术——劲儿往一处使

3.3.1 精妙的天线阵列

可能大家已经发现一个问题，从最初的"大哥大"手机，到现在的智能手机，最大的变化就是那根手机天线不见了。其实，并不是手机天线不见了，而是由于天线尺寸与电磁波的波长成正比的特性，这样天线长度随着通信频率的提高，变得越来越短。也意味着，天线完全可以塞进手机里面，还可以塞入很多根，这就是 5G 的"杀手锏"技术——Massive MIMO（Massive Multiple-Input Multiple-Output 大规模多天线技术）。

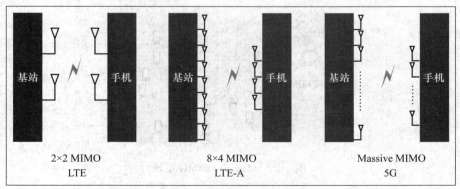

图 3-9 MIMO 技术的发展

如图 3-9 所示，MIMO 技术（Multiple-Input Multiple-Output，多进多出技术）并不能算是一种新技术，4G 的 LTE 时代已经有了初级版的 MIMO。而 5G 时代将该技术继承发扬光大，成为了加强版的 Massive MIMO，对应的天线数量也不再是以"根"论，而是以"天线阵列"论，就像图 3-10 那样。

图 3-10　天线阵列如八卦阵般精妙复杂

Massive MIMO 是作为 5G 中提高系统容量和频谱利用率的关键技术，最早由美国贝尔实验室研究人员提出。理论研究表明，当基站的天线数目趋于无穷大时，信道中的噪声与衰落等不利影响就可以被忽略，这使得数据的传输速率得到极大的提升，如图 3-11。

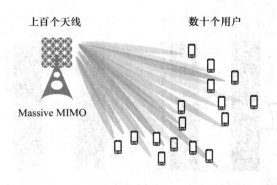

图 3-11　Massive MIMO 系统

Massive MIMO 可以从天线数和信号覆盖维度等两个方面进行理解。

（1）传统网络的天线数基本都是两根、四根，最多到八根。而 Massive MIMO 的无线数可以达到 128 根甚至 256 根，这样便可以保证同一基站同时为多个用户服务，即 5G 多连接技术的前提思路。

（2）传统的 MIMO 由于实际信号只能在水平方向移动覆盖，信号就像是从一个水平面上发射出去的，被称作 2D-MIMO。而 Massive MIMO 技术充分利用空间资源，引入垂直维度的利用，让信号呈三维辐射状向外发射，因此，也被称作 3D-MIMO 演进。如图 3-12 所示。

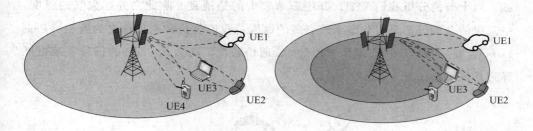

图 3-12　2D-MIMO 向 3D-MIMO 的演进

由于 Massive MIMO 技术相对于传统的 MIMO 技术充分利用了空间维度资源，使得 5G 基站覆盖范围内的用户可以在同一时频上与更多的用户进行通信，这样就可以在不增加基站密度和带宽的条件下大幅度地提高频谱效率。我们将 Massive MIMO 技术的优势总结为分集增益与复用增益。

在现代通信技术还未发展时，两地之间的通信基本全靠人力传递信息，特别是在战争时，通信兵的作用甚至可以左右战局。为了保证前线的信息能够准确及时地传递到大本营，同时还要防范敌方在路上对通信兵进行打击，指挥官通常会派出多路通信兵携带同样的消息，走不同的道路进行信息的传递，这样只要有一条路上的通信兵成功回到大本营，这次信息的传递就算成功。这就是 MIMO 技术的分集增益。

Massive MIMO 基站端部署了大规模天线阵列，在理论上，当天线数量趋于无穷时，空间分开的矢量信道将趋于正交，这样不同信道之间的干扰就可以忽略不计。

3.3.2 波束赋形技术——运筹帷幄

那么如此精妙复杂的"天线阵"自然应该有一位能够运筹帷幄的"诸葛亮"方能从容运行，以此来发挥该"阵"的最大威力。否则"阵"相对于"根"不仅不能提高通信质量，反而适得其反。在这里，就不得不提到5G中的一个关键技术——波束赋形技术（Beamforming）。

在毫米波的空间传输中，无线信号的质量会随着传播距离的增加而逐渐衰减，由上节的分析我们可知，其中影响较大的是雨衰。除此之外，大气的湿度，空气中的杂质等都是引起毫米波衰减的原因，我们将这种现象称之为路损（Pass Loss）。特别是对于拥有毫米波段的5G通信系统，高达几十 dB 的信号衰减可能导致系统无法正常工作。

图 3-13　毫米波通信与喇叭喊话类比

如图 3-13 所示，当我们距离喊话人（信息发端）越远时，听到的声音就越小（接收信号质量越差），如果想让我们听得清楚一些，最直接的方法就是喊话人将声音聚拢提高喊话音量。类似地，在无线通信中，波束赋形技术将原本发散的电磁波聚集在某个特定方向，来增加电磁波的传输距离。

衍生到毫米波通信，那就是加大发射功率。聪明的通信人很早就发现，多天线通信可以提高无线信号的传输质量，如图 3-14 所示。无线信号在空间传输就像船在水中行驶，路损相当于水的阻力，天线以一定功率发送无线信号，如同船桨克服阻力在水中航行。5G 基站可以支持大规模的天线阵列，天线数量可达到1 024 根。

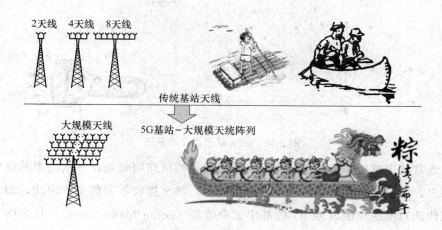

图 3-14 传统基站天线向 5G 大规模天线的发展

想让这么多天线往一处发力并充分发挥多天线的优势，可以采用龙舟上鼓手统一指挥大家划船的方式，让船跑得更快。在大规模天线阵列中充当"鼓手"身份的就是波束成形技术。5G 基站通过波束成形技术调节各天线的发射相位，使信号有效叠加，产生更强的信号增益来克服路损"阻力"，从而为 5G 无线信号的传输质量提供强有力的保障。如图 3-15 所示。

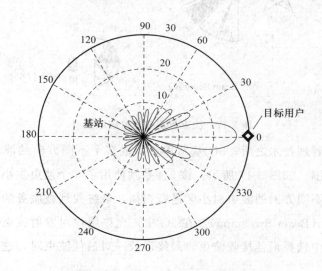

图 3-15 Beamforming 技术产生方向性波束

波束成形技术就像图 3-16 所示手电筒将灯泡的光聚拢，对无线信号（光束）的能量产生聚焦，形成一个方向性波束（光束）。

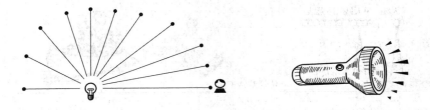

图 3-16　波束赋形类比示意图

通常波束越窄，信号增益越大。随之而来的副作用就是：一旦波束的指向偏离用户，用户接收到的信号质量会变得极差，甚至接收不到信号。因此，如何将波束快速对准用户便成为 5G 标准中波束管理（Beam Management）技术的主要内容，图 3-17 为相应的技术原理。

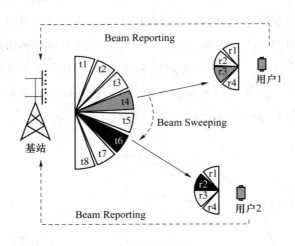

图 3-17　波束管理技术原理示意图

采用波束管理技术之后，5G 基站需要形成多个不同方向的波束才能完全覆盖整个服务范围。如图 3-17 所示，该 5G 基站使用了 8 个波束供小区服务，基站需要依次使用不同方向的波束对小区进行扫描，最终找到被服务的用户，该过程叫作波束扫描（Beam Sweeping）。在 5G 中，允许用户对发射波束变换不同的接收波束，并从中选择最佳接收波束，最终形成一对最佳波束对，这一过程叫作波束匹配。

实际上，为了获得足够的信号增益，5G基站大规模天线阵列产生的波束是非常窄的。这样的代价是基站需要大量的波束才能对服务小区形成全覆盖。于是，遍历模式下的波束扫描给系统带来了巨大的开销。为了进行快速的波束匹配，5G系统采取分级扫描的策略。

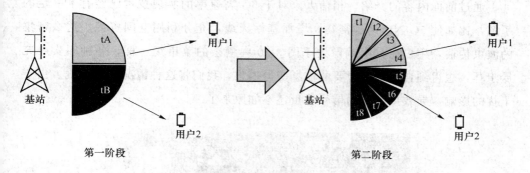

图 3-18 波束管理的分级扫描过程

如图3-18所示，第一阶段被称为"粗扫描"，基站通过少量的宽波束覆盖整个小区，对准用户大致方向，建立有限质量的通信链路。第二阶段被称为"细扫描"，基站利用多个窄波束对第一阶段的宽波束覆盖范围进行遍历扫描，找到用户的具体位置，对准形成高质量无线链路。

以上阶段就获得了波束的初始选择与匹配，如图3-19（a）所示，gNB（5G基站）发射波束具有了针对中段位置的最优指向性。进一步，gNB在该发射波束的基础上，对波束进行精细化处理，获得更精准的波束方向，如图3-19（b）所示。根据gNB最终判决的发射波束，终端从自己预先定义的码本中选择最优的码本进行接收，形成最适合的接收波束，如图3-19（c）所示。

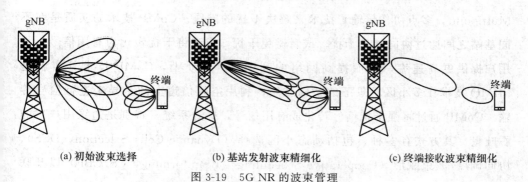

(a) 初始波束选择　　　　(b) 基站发射波束精细化　　　　(c) 终端接收波束精细化

图 3-19 5G NR 的波束管理

3.4   CoMP 技术——干扰抑制

通过前面内容的介绍，相信大家对于 5G 高速率的实现技术已经有了一定的了解，比如使 5G NR 站点密集，增加基站天线，充分利用空间资源。这么密集的波束传输，用户在其中就像处于图 3-20 中嘈杂的菜市场一样，各种叫卖声充斥于耳，想得到自己真正想要的信息变得困难，我们将这种情况称为干扰。由于干扰的影响，导致接收到的信号质量还不如原来了。

图 3-20   嘈杂的菜市场

早在 LTE-Advanced 研究阶段，通信研究者们就定义了 CoMP（Coordinated Multipoint，多点协作传输）技术来解决干扰的问题。CoMP 技术的实质是在不同基站之间通过协同处理干扰，或者避免干扰，或者将干扰转化为有用信号，为用户提供更高速率，从而提高网络的利用率。本质上，CoMP 技术其实就是 MIMO 技术在多小区场景下的特殊应用，利用空间信道上的差异来进行信号传输。CoMP 通过将强干扰信号转化成有用信号，提升系统（特别是边缘用户）的吞吐量。其方式有多种，包括动态小区选择（Dynamic Cells Selection，DCS）、协同调度/波束赋形（Cooperative Scheduling / Beamforming，CS/CBF）以及联合传输（Joint Transmit，JT）。

在 DCS 传输方式中，虽然多个协作小区都拥有为该终端发送的数据包，但在同一时刻只有一个协作小区为该终端服务，其他协作小区在该无线资源块中采取静默方式不发送数据。DCS 传输方式使得协作小区集合中的多个小区采用快速动态切换的方式发送数据到同一个终端。这种传输方式主要通过高效的多小区切换发送方式提升终端的接收信号质量，同时，其他协作小区在同一无线资源块中不发送任何数据，这样来有效减少小区间的干扰。如图 3-21，对于两个协作小区 A 和 B，在某一时刻，在相同的无线资源块中，只有基站 A 发送数据到终端，而基站 B 此时并不发送数据，等到下一时刻，网络根据信道状态再选择一个基站为终端传输数据。

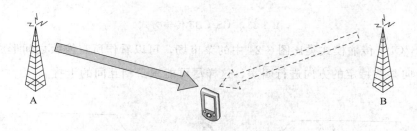

图 3-21　DCS 传输方式

DCS 传输方式就像是在图 3-22 所示纷杂的菜市场上，每个摊贩都遵循依次叫卖的原则，当某个摊贩在叫卖货品时，别的摊贩自觉停下，如此操作就可以保证顾客能够清晰地听到任何一个商贩的叫卖。

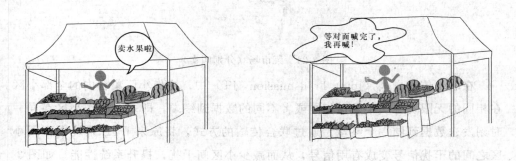

图 3-22　菜市场（轮流叫卖）

在 CS/CBF 中，只有终端的服务小区向终端发送数据，在这一点上与现有的 LTE 标准和传输方式相同。而在 CBF 的协作小区集合内，各小区发送的信号需要根据其他小区信号的干扰进行协调，尽可能多地减少对其他小区终端的干扰。协作小区间通过协调发送信号波束的方向，有效地将干扰较大的波束避开，从而减少波束间的互相干扰，提升信号质量。如图 3-23 所示，两个协作小区通过波束协调调度，将服务终端的发送信号波束方向避开。

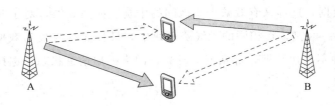

图 3-23　CS/CBF 传输方式

CS/CBF 传输模式类比图 3-24 中的菜市场，可以看作所有摊贩之间形成了默契，只向某些特定的方向进行叫卖，这样尽可能减少相互间的干扰。

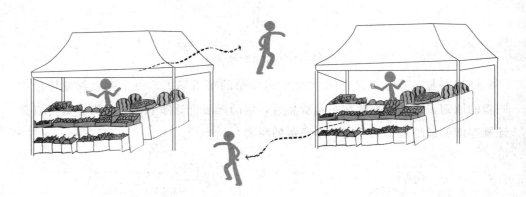

图 3-24　菜市场（分别叫卖）

在联合传输方式（Joint Transmission，JT）中，协作小区集合内的全部小区在相同的无限资源块中发送相同或者不同的数据到终端，即多个协作小区在同一时刻发送数据到同一个终端。通过联合传输的方式，将原来 LTE 系统中不同小区之间的干扰信号变成有用信号，从而减少小区间干扰，提升系统性能。如图 3-25 所示，两个小区同时发送有效数据到终端，信号在空中合并后被终端接收，有效地减少了小区间的干扰，提升了传输信号的质量，从而增加了平均频谱效率和小区边缘传输速率。

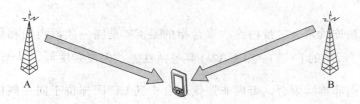

图 3-25 JT 传输方式

同样将 JT 传输模式类比为图 3-26 中的菜市场，所有摊主同时为一家叫卖，这样原来干扰的叫卖声对顾客来说成了有用的信息，并且提高了信息的准确性。

图 3-26 菜市场（同时叫卖）

3.5 载波聚合——速率与效率同考虑

前面我们借助香农公式了解了信噪比影响系统速率的原因。这节中，我们对系统带宽进行讨论。根据香农公式可以看出，在信噪比不变的情况下，系统带宽增加可以提高系统速率，这就不得不提到载波聚合技术（Carrier Aggregation，CA）。

载波聚合技术并不是 5G NR 特有的，早在 3GPP LTE R10（LTE 标准化 R10 版本）中就提到了载波聚合技术，它是指在两个或两个以上载波中同时为用户配置传输的技术，我们将其中每个独立的载波称为成分载波（Component Carrier，CC）。

由于聚合的载波位置相对不同，我们将载波聚合分为以下三种类型。如图 3-27 所示。

（1）带内连续聚合。带内连续聚合指的是 CC 是同一频段内的相邻载波，如图 3-27（a）所示的 CCA1 与 CCA2，其灵活性差，但复杂度低，易于实现。

（2）带内非连续聚合。带内非连续聚合中的 CC 同样位于同一频段内，但并不彼此相邻，如图 3-27（b）所示的 CCA1 与 CCAn。

（3）带间聚合。带间载波聚合技术可以将不同频段上的 CC 进项载波聚合，如图 3-27（c）所示的 CCA1 与 CCB1。这样的非连续载波聚合灵活度高，更重要的是大幅度提高了频谱利用率。

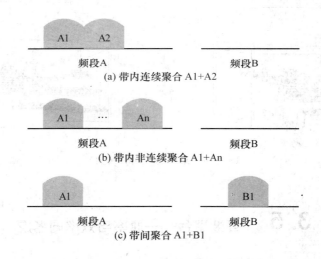

图 3-27　三种类型的载波聚合

LTE 中的系统最大带宽可以达到 20 MHz，在最初的 3GPP R10 中最多允许 5 个 CC 进行载波聚合，这意味着系统带宽可以达到 100 MHz。到了 R13（LTE 标准化 R13 版本）中，允许聚合的 CC 数量被提高到了 32 个，聚合带宽相应提高到了 640 MHz。由此可见，载波聚合技术显著提高了系统传输带宽，原理上增加了系统传输速率，同时载波聚合技术将空闲频段充分利用起来，大幅度提高了系统频谱资源的利用率。

到了 5G NR 中，载波聚合技术支持最多 16 个 CC 进行聚合。虽然其数目与

R13 相比较少，但如表 3-1、3-2 所示，由于 5G NR 在 FR1 和 FR2 两个频率范围内支持的 CC 带宽被提高，因此 5G NR 中的最大聚合带宽理论可达 6.4 GHz（16×400 MHz）。

表 3-1　5G 支持的载波带宽

5G NR 支持的成分载波带宽（MHz）	
FR1 频率范围	FR2 频率范围
5、10、15、20、25、40、50、60、80、100	50、400、200、400

表 3-2　5G 载波聚合配置（截至 R15）

频率范围	带内连续载波聚合		带间载波聚合		带内非连续载波聚合
	最大载波聚合数量	最大聚合带宽（MHz）	最大载波聚合数量	最大聚合带宽（MHz）	
FR1	8	4×100/8×50=400	2	2×100=200	待定
FR2	8	4×400=1600	2	2×400=800	

问　与　答

1. 根据香农公式，理论上可以通过哪些办法提高系统的信息传输速率？

答：理论上提高系统信息传输速率的方法分为两类：

（1）增加系统带宽；

（2）增大系统信噪比。

2. 毫米波通信的缺点是什么？

答：毫米波通信的缺点有：传播距离短，雨衰明显，方向性强，路径损耗大等。

第4章 海量机器类通信——万物互联成为可能

4.1 多址技术的演进——不同的方式，同样的目标

在5G网络中，为了实现海量机器类通信场景（massive Machine Type of Communication，mMTC），而采用新的多址接入技术。为了让大家能更直观地了解什么是多址接入技术以及多址接入技术的类别，我们从1G网络入手，逐步介绍每一代移动通信网络采用的接入技术。

4.1.1 什么是多址技术？

在蜂窝系统中，是以信道来区分通信对象的，一个信道只能容纳一个用户进行通信，许多同时进行通信的用户，互相以信道来区分，这就是多址。在无线通信环境中，用户如何从发射的信号中识别出发送给自己的信号是建立连接的首要问题。如何建立用户间的无线信道的连接，是多址接入方式。解决多址接入方式的方法就叫作多址接入技术。

为了更直观地了解什么是多址接入，我们可以观察家里的WiFi盒子，家里所有人可以同时使用WiFi而不会产生冲突（如无法上网），如图4-1所示。

为了能更好地利用带宽资源，我们的通信工程师会想尽办法提升用户的接入

数量并同时能为每个用户提供更好的服务，这也是使用新的多址方式的原因。下面看看每一代通信系统采用的多址接入方式分别是怎样的。

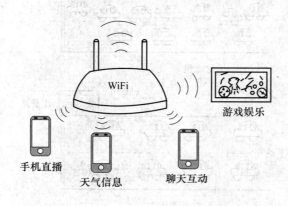

图 4-1 多址技术的类比

4.1.2 多址技术的采用

1. 1G

1G 中采用的多址技术是频分多址（Frequency Division Multiple Access，FDMA），不同频率的载波对应不同的逻辑信道，进行模拟通信。

用图 4-2 中的交通收费站进行对比：比如原先没有划分车道，车辆在一条马路上随意行驶，车辆随意变道加塞去收费站，这就容易造成道路混乱，收费站前车辆一多就很容易产生堵塞。

1G 中通过 FDMA 技术，把原有马路划分成不同的车道，让车辆有序行驶，这样效率就大大得到了提升。

2. 2G

2G 中采用的多址技术是时分多址（Time-Division Multiple Access，TDMA），不同时隙对应不同的逻辑信道，进行数字通信。这个时隙非常短，只占 1 秒的几十万分之一。在实际体验中，我们根本感受不到等待的时间，就像是同时处理很多信息。

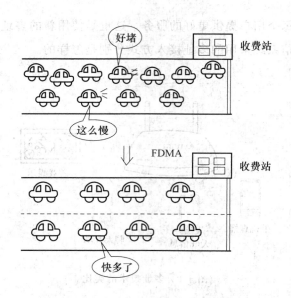

图 4-2　FDMA 技术的比喻

　　还是以交通收费站进行对比：比如 A，B 两地的人都想去 C 地，而车道的宽度却只能容下一辆车，这样当 A 地的人前往 C 地时，B 地的人想去 C 地就要寻找另一条路，这么做成本太高。现在，利用 TDMA 技术，我们通过图 4-3 所示的时间来控制 A，B 两地车辆的通过顺序，这样，只有一条车道的条件下，两个地方的车都可以通过，变得非常方便。

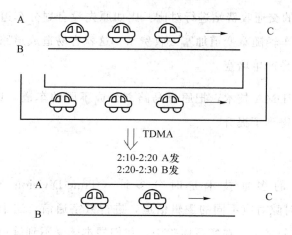

图 4-3　TDMA 技术的比喻

3. 3G

3G 中采用的多址技术是码分多址技术（Code-Division Multiple Access，CDMA）主要有 WCDMA（Wideband Code Division Multiple Access，宽带码分多址）、CDMA2000（Code Division Multiple Access 2000）与 TD-SCDMA（Time Division-Synchronization Code Division Multiple Access，时分同步码分多址）以及与它们同时演进的 IMT-2000（International Mobile Telecommunications-2000，国际电信联盟定义的第三代无线通信的全球标准）等技术。

CDMA 既不划分子频段，也不划分时隙，而将所有频率和时间让用户共享。也就是说，所有用户既可以使用相同的频率，也可以同时发送信号。

那么如何区分不同用户发送的内容呢？我们用图 4-4 中的交谈来做比喻，比如在一个房间内，有许多人在交流，但是每一对交流的人都使用不同的语言，这样即使周围环境很吵，每一对交流的人还是可以听到对方说出的内容。这就是 CDMA 的作用。

图 4-4　CDMA 技术的对比

4. 4G

4G 中采用的多址技术是正交频分多址（Orthogonal Frequency Division Multiplexing Access，OFDMA）。这里要区分 OFDM（Orthogonal Frequency

Division Multiplexing，正交频分复用）和 OFDMA，OFDM 是调制技术，OFDMA 是多址接入策略。OFDM 可视为多载波调制的一种，它将原本单一通道分割成若干子通道，将高速的资料信号转换成并行的低速的子资料信号，并在子通道上传输，将更多资料载到子频道上，这样便有效地提升频谱利用率，以此增加系统的资料传输量。

而 OFDMA 技术配合不同的多路存取方式，如 OFDM/FDMA、OFDM/TDMA 以及 OFDM/CDMA，不仅多载波可以有效地提升资料传输率，结合多重存取技术，还可以让多个设备与其通信。

而我们一般称呼的 OFDMA，其实就是 OFDM/FDMA 的简称，是一种通道存取方式。除了在多载波上传输，面对不同的使用者，甚至还可以在不同的子载波上选用特定或动态的子载波数用以传输。

如图 4-5 所示，在 OFDM 中，每一时刻只有一个用户占用所有频带资源。而在 OFDMA 中，在每一时刻频带资源被划分成多份，可以供多个用户同时使用。

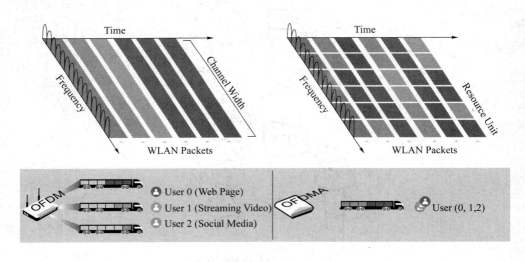

图 4-5　OFDM 与 OFDMA 的区别

5. 5G

5G 中采用的多址技术除了 OFDMA 外，还增加了非正交多址技术

（Nonorthogonal multiple access，NOMA）。其中 NOMA 技术主要在应用 mMTC 场景中的上行传输。NOMA 不同于传统的正交传输，在发送端采用非正交发送，主动引入干扰信息，在接收端通过串行干扰删除技术实现正确解调，与正交传输相比，虽然接收机复杂度有所提升，但可以获得更高的频谱效率。

在 NOMA 技术中，单个用户的接入方式还是 OFDMA 方式，不同的是一个用户的子载波会分配给其他用户。比如，A 用户的 4 个子载波是相互正交的，B 用户的 4 个子载波也是相互正交的，C 用户的 4 个子载波还是相互正交的。但是，A、B、C 三个用户的子载波重叠在同样的频段，子载波不正交，用户之间采用 NOMA 接入，这样就造成了混叠。混叠后的信号看似无法识别，但是只要这几个用户信号的功率不同，就可以将它们一级一级地分拣出来。比如，第一级先从混叠信号中分拣出功率最强的信号，然后在混叠信号中减去这个最强信号，第二级再在混叠信号中分拣出功率最强的信号，然后在混叠信号中再减去这个最强信号，如此重复这一过程，最终就可以将所有混叠在一起的信号全部分拣出来。这有点像将比重不同的液体倒在一个容器里面，我们可以通过分液原理的方式一层一层地将它们分离出来，如图 4-6 所示。

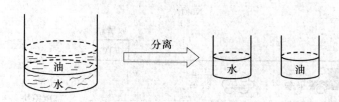

图 4-6 NOMA 技术

4.2 非正交多址技术——海量连接的实现者

4.2.1 现网存在的问题

mMTC 海量机器通信是 NOMA 技术最重要的应用场景。海量连接要求节点的连接成本和功耗很低。4G 中采用正交多址需要严格的接入流程和调度控制，接入节点数受限，信令容量不足，节点成本高，节点功耗高，所以无法满足海量节点对于低速率、低成本、低功耗等性能的要求。

这里仍然以图 4-7 所示的交通收费站来做比喻，原先收费站的设计是依据车型和车辆情况进行分类，如卡车等运货车辆先要进行称重和人工检查，再进行收费。这样的操作流程使得每辆车到收费站前要确认自己车辆的情况，再去缴费，并且还要进行人工交互，效率极低。现在 5G 中，通过 NOMA 技术，在每个收费站口设立电子收费（Electronic Toll Collection，ETC），自动识别车辆及费用，这样就提升了效率。

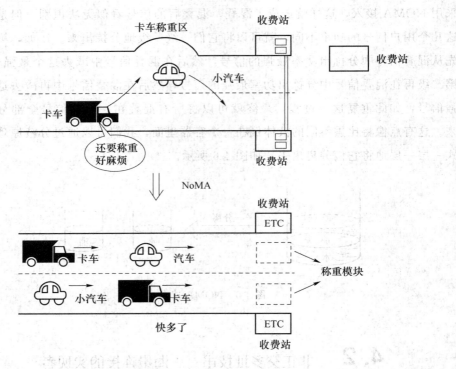

图 4-7　现存问题与 NOMA 的解决方案

4.2.2　NOMA 的优越性

从 2G、3G 到 4G，多址技术在时域、频域、码域上做足了文章，NOMA 在 OFDM 的基础上增加了一个维度——功率域。如图 4-8 为 NOMA 中的功率域示意图。新增这个功率域的目的是利用每个用户不同的路径损耗来实现多用户复用。

实现多用户在功率域的复用，需要在接收端加装一个持续干扰消除器（Successive Interference Cancellation，SIC），通过这个干扰消除器，加上信道编码，就可以在接收端区分出不同用户的信号。

NOMA 可以利用不同的路径损耗的差异来对多路发射的信号进行叠加，从而提高信号增益，它能够让同一小区覆盖范围的所有移动设备都能获得最大的可接入带宽，从而解决由于大规模连接带来的网络挑战。NOMA 的另一优点是无须知道每个信道的状态信息。

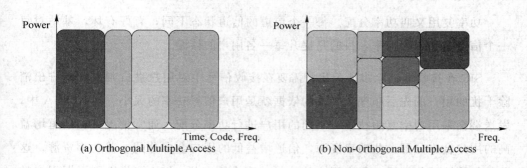

图 4-8 NOMA 中的功率域（不同颜色表示不同的用户的信号）

4.2.3 NOMA 的关键技术

1. 串行干扰删除（SIC）

在发送端，类似 CDMA 系统，在其中引入干扰信息可以获得更高的频谱效率，但是同样也会遇到多址干扰（Multi-Address Interference，MAI）的问题。NOMA 在接收端采用 SIC 接收机来实现多用户检测。串行干扰消除技术的基本思想是采用逐级消除干扰策略，在接收信号中对用户逐个进行判决，进行幅度恢复后，将该用户信号产生的多址干扰从接收信号中减去，并对剩下的用户再次进行判决，如此循环操作，直至消除所有的多址干扰。

这个可以类比图 4-9 中的拼图游戏，当我们拿到拼图后，我们会根据每一块拼图的特点，寻找它的位置，我们不断重复这一步骤，直到得到最后完整的拼图。

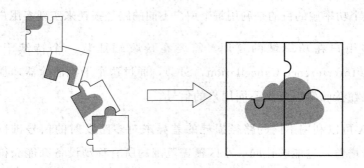

图 4-9　拼图游戏类比串行干扰删除

2. 功率复用

功率复用又叫功率分配。每一个信道的信道状态不同，有好有坏，基站对每一个信道单独分配功率，目的是提升每一名用户的体验。

SIC 在接收端消除多址干扰，需要在接收信号中对用户进行判决，来排出消除干扰的用户的先后顺序，判决的依据就是用户信号功率的大小。在 NOMA 中，发送端会采用功率复用技术对不同的用户进行功率分配。通常情况下，信道增益高的用户会少分配一些功率资源，信道增益低的用户会多分配一些功率资源。这些信号到达接收端后，每个用户的信号功率会不一样，SIC 接收机则根据用户的信号功率进行排序，依次对不同的信号进行解调，达到区分用户的目的。

我们可以把功率分配理解成快递分类，如图 4-10 所示。当快递到达中转站后，工作人员依据快递上的编号区分是哪一个地区的快递，这个工作方式和 SIC 接收机依据用户信号功率来区分用户一样。

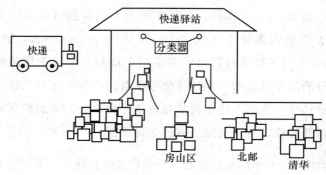

图 4-10　快递分类类比功率复用

4.3 频谱复用——不放过每一块资源

4.3.1 增强中低频谱利用——保证远距离通信的覆盖能力

5G 技术将是多种空口技术的组合，为了保证服务质量，5G 会充分利用每一块资源，会着眼于全频段。图 4-11 展示不同网络的应用场景。虽然高频段大带宽可解决热点地区的容量需求，但其覆盖能力弱，难以实现全网覆盖。因此，需要利用如图 4-12 所示的中低频段来解决网络连续覆盖的需求，这样高中低频段相互补充，联合服务。

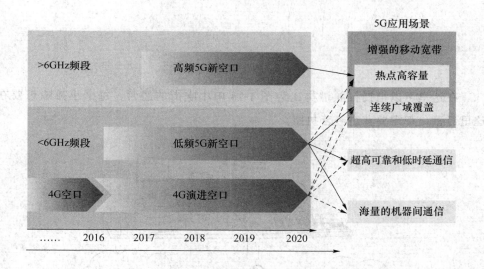

图 4-11 不同网络的应用场景

为了能更好地利用中低频谱，我们可以采用频谱共享技术。在介绍这个技术之前，我们先说两个概念——授权频谱和非授权频谱。

1. 授权频谱

频谱资源作为一种有限的资源，部分频谱会以拍卖或者授权的方式给到特定的个人或公司使用，这些分配或拍卖给特定的个人或公司使用的频谱就是授权频谱，同时授予相应的执照。在我国，授权频谱在工信部授权之后才能使用。2G、3G、4G 以及 5G 使用的均是授权频谱。这些频谱都授权给移动、联通和电信。

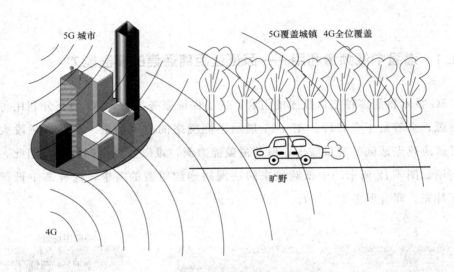

图 4-12　增强中低频谱利用

在这里可以把授权频谱类比为图 4-13 中小吃街的经营，每个小摊贩想要在这里经营，都需要获得经营执照。

图 4-13　授权频谱类比

2. 非授权频谱

非授权频谱就是指不需要经过主管单位同意，只要遵守相关法规的要求，就可以直接使用的频谱资源。我们最熟悉的 WiFi 就是工作在非授权频谱上，非授权频谱包括 2.4 GHz 和 5.8 GHz 这两个频段。

非授权频谱可以理解成图 4-14 中的公园或者广场，任何人都可以使用这些地方，只要遵守一般的社会行为守则就可以使用该场所。

图 4-14 非授权频谱类比

说完这两个概念，我们来介绍一下频谱共享技术。动态频谱共享，指在同一频段内为不同制式的技术（4G 和 5G）动态、灵活的分配频谱资源可以适应自身业务状况，大幅提升整体频谱利用率。与静态方案相比，动态频谱共享类似于图 4-15 中多家航空公司之间共享航班号，航空公司各自利用自己的售票渠道销售机票，而实际则由一架飞机执行航班，这样航班飞行的上座率就提高了。

以 4G、5G 动态频谱共享为例。比如在 5G 建设初期，如果从 4G 原有频谱分割出部分频谱用于部署 5G，那么一方面会直接造成 4G 可用频谱减少，另一方面由于 5G 业务暂时较少，导致分配的频谱极有可能被浪费。此时，可以采用 4G、5G 动态频谱共享技术。在业务信道中，在保证 5G 业务体验的前提下，4G 的空闲频谱 5G 可以直接使用；在非业务信道中，5G 摒弃了 4G "always on" 小区公共信号和信道设计，其控制信道、广播信道、主辅同步信道均可灵活地配置时域和频域资源。因此，5G 小区可以在不影响 4G 小区的前提下，使用 4G 的频谱资源。

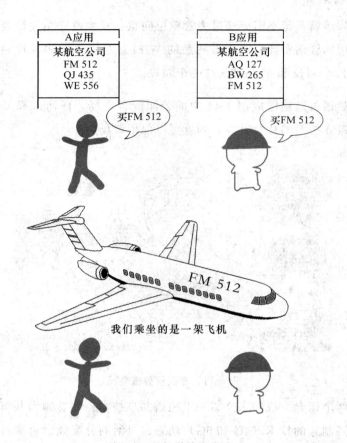

图 4-15　频谱共享类比

频谱共享可以分为以几种不同类别。

1. 频谱聚合

比如说有一个载波在授权频谱上，另一个载波在非授权频谱。通过聚合授权频谱和非授权频谱上的载波可以实现容量和体验的提升。由于连续可使用的频宽资源稀少，移动通信系统为了使传输频宽进一步提升，会结合多达五个连续或不连续的 20 MHz 频宽的成分载波，因此总频宽可以高达 100 MHz。成分载波可为不连续，其用意在于要竭尽所能地利用频谱上零碎的资源，以提供高速的服务。简单地说，它可以将多个载波聚合成一个更宽的频谱，如图 4-16 所示。同时，也可以把一些不连续的频谱碎片聚合到一起，最大限度地利用现有 LTE 设备和频谱资源，提高传输效率、网速以及稳定性。

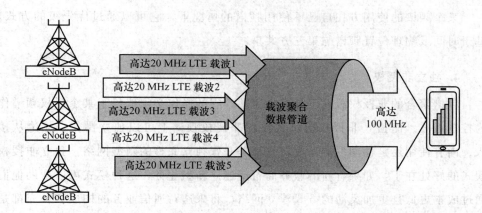

图 4-16　频谱聚合

我们可以把频谱聚合想象成一种神奇的魔法，它可以把原先分割开来的窄公路合并成宽敞的大公路，让公路能容纳下更多的车辆行驶，如图 4-17 所示。

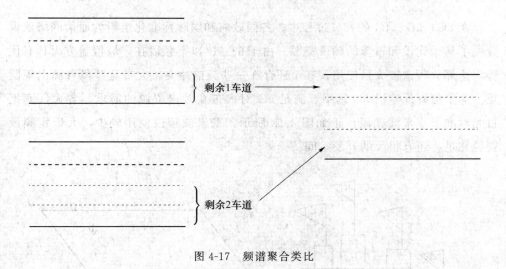

图 4-17　频谱聚合类比

2. 射频聚合

射频聚合与频谱聚合的区别在于：频谱聚合在调度和网络后端共享的层次上是相同的，而射频聚合是聚合两个在网络后端完全不同的网络。比如说 LTE 与 WiFi 的链路聚合，就属于射频聚合。

3. 分层共享

某个频谱的使用方在自己不使用频谱的情况下，它可以通过优先级的方式，基于时间或物理位置频谱与第三方共享。

4. 独立非授权

频谱聚合的非授权载波不具有独立性，它的操作必须依赖于某个授权频谱作为控制载波。而独立非授权要求载波在非授权频谱上可以独立操作，无论从接入、内容使用还是移动性的角度，它都是一张独立完整的新型网络。独立非授权模式的好处在于，如果有新的服务商希望建立新型业务，这种模式可以帮助他们通过成本更低且更加灵活的方式建立网络，将来这对通信业务的构成和补充都是非常好的。

4.3.2 发挥高频谱优势——5G 网络的资源提供者

在 2G、3G、4G 的发展过程中，各国政府和国际标准化组织为通信网络建设分配了易于建设和覆盖的频段资源。由于 6 GHz 以下频段在广域覆盖方面具有优势，这部分频谱被大量使用，甚至还存在一些频谱冲突，大带宽频段资源出现匮乏。为了更好地建设 5G 网络，满足 5G 对大带宽频谱资源的需求，各大厂商把目光对准了毫米波频段。正如图 4-18 所示，毫米波频段使用较少，大带宽频段资源充足，还有很大的开发空间。

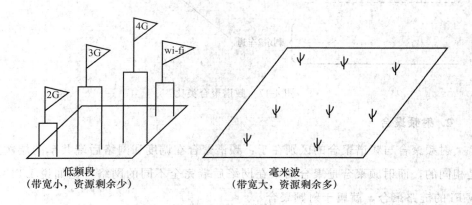

图 4-18　高频谱的优势

5G 对数据传输速率的要求较 4G 有大幅提高，需要大带宽作为支撑。通常而言，无线传输提高传输速率一般有两种方法：一是增加频谱利用率，二是增加频谱带宽。通信工程师对提高频谱利用率的方法已经有很深入的研究，各种技术相对成熟，想要找到更有效地提高频谱利用率的方法较为困难，同时现在常用的中低频段已十分拥挤，无法在中低频段中提供大带宽。于是，通信工程师们考虑使用毫米波技术增加频谱带宽。以往基于 sub-6GHz 频段的 4G LTE 蜂窝系统可以使用的最大带宽是 100 MHz，数据速率不超过 1 Gbit/s。而在毫米波频段，以 28 GHz 频段为例，其可用带宽达到了 1 GHz，60 GHz 频段每个信道的可用信号带宽则为 2 GHz。在频谱利用率不变的情况下，5G 中选择使用毫米波频段，直接通过带宽翻倍以实现数据传输速率的翻倍，如图 4-19 所示。

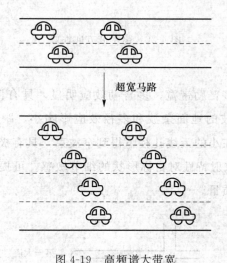

图 4-19　高频谱大带宽

毫米波的优势如下：

1. 传输方向性好

除了具有大带宽高速率的优势外，毫米波还具有波束窄、方向性好，极高的空间分辨力等优势，使得传输效率得以提高。毫米波是链路投射非常窄的波束，在相同天线尺寸下毫米波的波束要比微波的波束窄得多。例如一个 12 cm 的天线，在 9.4 GHz 时波束宽度为 18 度，而 94 GHz 时波速宽度仅为 1.8 度。这使得运营商可以部署紧邻的多个独立链接而不会互相干扰，于是，毫米波链路的可扩展性得以提高。因此，也可以说毫米波非常适用于网络拓扑。图 4-20 形象地描绘出毫米波的方向性特征。

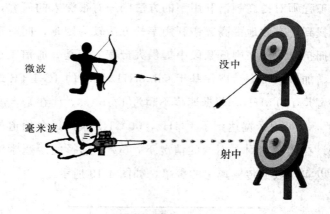

图 4-20　毫米波方向性好

2. 探测能力强

　　毫米波有较高的多普勒带宽，多普勒效应明显，具有良好的多普勒分辨力，测速精度较高；毫米波的地面杂波和多径效应影响小，跟踪性能好；如图 4-21 所示，毫米波还可以在小的天线孔径下得到窄波束，具有极高的空间分辨力，跟踪精度高；毫米波的散射特性对目标形状的细节敏感，可提高多目标分辨和对目标识别的能力与成像质量。

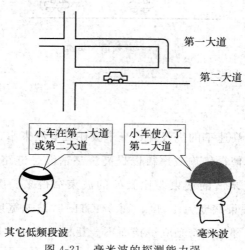

图 4-21　毫米波的探测能力强

3. 安全保密好

毫米波的波束很窄，且旁瓣低，可以降低其被截获的概率。图 4-22 进行了形象的比喻。

图 4-22　毫米波窄波束

4. 传输质量高

由于频段高，所以毫米波通信基本上没有什么干扰源，电磁频谱极为干净。因此，毫米波信道非常稳定可靠，其误码率可长时间保持在 10^{-12} 量级，可与光缆的传输质量相媲美。如图 4-23 的比喻。

5. 元件尺寸小

和微波相比，毫米波元器件的尺寸要小得多。因此，毫米波系统更容易小型化。

图 4-23　毫米波传输质量高

4.4　物联网——未来生活中随处可见的角色

4.4.1　物联网的技术标准

我们主要聚焦在 LPWAN 物联网。LPWAN（Low Power Wide Area Network）称为低功耗广域网。它的两个最重要的特点是低功耗、广覆盖。

物联网现在包括许多技术标准，目前比较主流的有：NB-IoT（Narrowband Internet of Things，窄带物联网）、LoRa（Long Range，远距离无线电）、Sigfox、eMTC（enhanced Machine Type Communication，增强型机器类型通信）。图 4-24 为相应的特点对比。

名称	特点
NB−IoT（国际标准）	低成本、电信级、高可靠性、高安全性
LoRa（私有技术）	独立建网、非授权频谱
Sigfox（私有技术）	独立建网、非授权频谱
eMTC（国际标准）	高速率、电信级、高可靠性、高安全性

图 4-24　物联网的技术标准特点对比

目前 eMTC 和 NB-IoT 技术标准更受关注一些，如图 4-25 和图 4-26 所示，3GPP（Third Generation Partnership Project，第三代合作伙伴计划，是一个标准化机构）在 2017 年通过决议，带宽在 1.4 MHz 以下的系统将不使用 eMTC 终端，带宽在 200 KHz 以上的系统将不使用 NB-IoT 终端。

eMTC Cat-M1   **NB-IoT Cat-NB1**

对IoT应用进行优化，使其能支持VoLTE，并且保证移动过程的用户体验   为低吞吐量，容忍一定时延的物联网用例提供优化

图 4-25　eMTC 和 NB-IoT 技术标准特点对比

物联网关键需求	速率	覆盖增强	低功耗	语音	持延	低成本	大连接	定位
eMTC	<1 Mbit/s	15 dB•	5~10年	支持	100 ms 级别	<$10/模组	50 k (1.4 MHz)	支持
NB-IoT	<200 Mbit/s	20 dB•	10年	不支持	秒级别	<$5/模组	100 k (200 KHz)	支持

图 4-26　eMTC 和 NB-IoT 技术特点对比

通过明确划定 eMTC 和 NB-IoT 的应用范围之后，这两个标准不再相互竞争，而是形成了具有区别和互补合作的混合网络。这里我们在应用方面简单地比较一下这两个标准。

两者在使用场景上有所不同，NB-IoT 针对低速率和允许一定延迟的应用进行服务，如城市灯光等。而 eMTC 针对其他低延迟应用，如 VoLTE（Voice Over Long-Term Evolution）、定位等，以及为移动用户进行服务。

接下来重点介绍一下 NB-IoT 的特点，如图 4-27 所示。

增强室内覆盖	低功耗	模块成本低	海量连接
相比GSM，NB-IOT 网络增益+20 dB	NB-IOT终端模块 待机时间长达10年	芯片价格为1~2美元， 终端模块价格为5~10美元	每个小区(ceu) 可以支持10万个连接

图 4-27　NB-IoT 的特点

1. 超强覆盖

NB-IoT 室内覆盖能力强，比 LTE 提升 20 dB 增益，相当于提升了 100 倍的区域覆盖能力。其不仅可以满足农村对于广覆盖的需求，也适用厂区、地下车库、井盖这类对深度覆盖有需求的场景。

2. 超低功耗

NB-IoT 设备功耗可以做得非常小，设备续航时间可以从过去的几个月提升到几年。

3. 超低成本

目前市场规模下，NB-IoT 终端模组成本从 20 多美元下降到 5 美元以下，如图 4-28 所示。

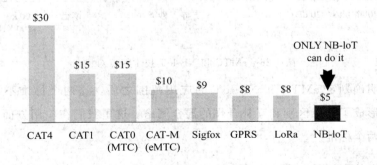

图 4-28　IoT 模组价格对比

4. 超大容量

在同一基站的情况下，NB-IoT 可以比现有无线技术提高 50～100 倍的接入数。最初设计目标是 5 万连接数/小区，并且支持和具备低延时、超低成本、低功耗和优化的网络架构。

4.4.2 物联网的应用场景

图 4-29 展示了物联网的应用场景。

图 4-29　NB-IoT 的应用场景

1. 公用业务计量

我们以图 4-30 中的查水表来举例。我们需要摆脱原先人工查表效率低下、成本高、数据易出错、维护困难和业主因为时间冲突或者对陌生人产生戒心而无法进门查看等问题。

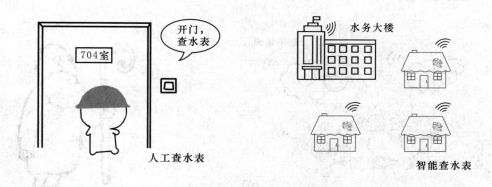

图 4-30　NB-IoT 在公用业务中的应用

2. 智能家居

我们以图 4-31 中的指纹锁和智能家居来举例。

指纹锁——帮助人们摆脱钥匙，方便进出，不用担心钥匙丢失等问题。

智能家居——帮助人们完成一些特定任务（例如打扫卫生，烧热水等）。

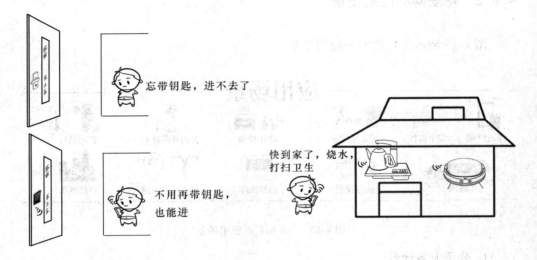

图 4-31　NB-IoT 在智能家居中的应用

3. 畜牧业

使用物联网之后可以减少人工放养的成本，图 4-32 展示了提高畜牧业系统性的管理能力。

图 4-32　NB-IoT 在畜牧业中的应用

4. 智慧城市

图 4-33 为智慧城市的描绘。

路灯WiFi　　　　　　　　人脸识别　　　　　　　火灾烟雾
　　　　　　　　　　　　　　　　　　　　　　　　监测报警

图 4-33　NB-IoT 在智慧城市中的应用

问 与 答

1. 什么是多址接入技术？

答：蜂窝系统中是以信道来区分通信对象的，一个信道只容纳一个用户进行通信，许多同时进行通信的用户，互相以信道来区分，这就是多址。因为移动通信系统是一个多信道同时工作的系统，具有广播和大面积无线电波覆盖的特点，网内一个用户发射的信号可以被其他用户收到，所以网内用户如何从发射的信号中识别出发送给自己的信号就成为建立连接的首要问题。在无线通信环境的电波覆盖范围内，如何建立用户间的无线信道的连接，是多址接入方式。解决多址接入方式的方法就叫作多址接入技术。

2. 5G 为了实现海量机器类通信场景连接采用什么接入技术？

答：5G 采用非正交多址技术（Nonorthogonal multiple access，NOMA），可以满足海量节点高速率、低成本、低功耗的要求。

3. 毫米波的优势有哪些？

答：传输方向性好、探测能力强、安全保密好、传输质量高、元件尺寸小。

4. 物联网应用的场景有哪些？

答：智慧城市、灾情监控、健康管理、智能交通、公用业务计量、智慧医疗、智慧畜牧业等。

第 5 章 低时延、高可靠——反应敏捷的 5G 网络

5.1 移动边缘计算——办业务再也不用跋山涉水

5.1.1 从移动云计算到移动边缘计算

说起移动边缘计算（Mobile Edge Computing，MEC），我们不得不先提到移动云计算。

随着移动互联网和物联网技术的快速发展，移动终端不断涌现出五花八门的新型业务，手机承担起我们日常工作、学习、社交、娱乐等多方面的需求。面对爆炸式增长的移动业务需求，传统的网络架构已经不堪重负，移动云计算正是为解决这个问题而提出的。所谓云计算，就是将所有的计算任务都放在云端集中处理，而终端只完成数据的输入输出。这样的部署方式给人们的生产生活带来了极大便利。我们现在足不出户就可以购物、听音乐、浏览新闻，在很大程度上得益于移动云计算的普及，如图 5-1 所示。

图 5-1 移动云计算

但是，智能终端直接访问移动云计算往往会伴随着大量的数据传输，这就不可避免地增加了网络的压力，不仅包括对网络带宽提出了更高要求，还会存在传输时延增加的问题。显然，单一的移动云计算模式已经无法满足 5G 网络的低时延、高可靠的要求。正是在这种情况下，移动边缘计算的概念得以提出。

MEC 是一种在无线侧提供用户所需服务和云计算功能的网络架构。具体而言，MEC 旨在在接近移动终端的位置提供计算能力，也就是将计算能力下沉到分布式基站，在无线网络侧增加计算、存储、处理等功能，将传统的无线基站升级为智能化基站。相比于传统移动云计算的集中式大数据处理，MEC 可以看作一种边缘式的大数据处理平台，它把原先的数据中心划分成为数个小型的数据中心放置于核心网的边缘，以期为用户提供更高效的上网体验，如图 5-2 所示。

图 5-2 移动边缘计算

如果用图5-3中的银行系统作类比，那么核心网就像银行的总行，而MEC平台则像各地区的分行。将总行的部分业务分散到各分行处理，既缓解了总行的业务压力，又使各地区的客户能够就近办理业务，从而获得更加快捷的服务。与之类似，MEC平台就近处理采集到的用户数据，不再将大量数据经过漫长的传输网络上传到远端的核心管理平台。也就是说，MEC技术使得无线接入网具备了业务本地化的条件，无线接入网也因此具备了低时延、高带宽的传输能力。

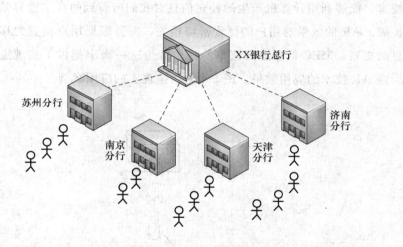

图 5-3　银行总行与分行

相比云计算，MEC的优势主要体现于以下几点：

1. 实时性

边缘计算聚焦实时、短周期数据的分析，为时延敏感类的业务提供了"实时"的数据处理性能。

2. 智能化

对于未来的通信场景而言，无论是物联网、大数据还是人工智能行业，实际上都有着极强的近场计算需求。MEC平台的部署可以使得大量的计算在离终端很近的区域完成，为智能化业务的应用提供保障。

3. 节能与缓解流量压力

智能终端设备往往会产生大量的数据，但无需将每条数据都传往云端。

MEC 平台在进行云端传输时通过边缘节点进行一部分简单的数据处理，进而能够优化设备响应时间，减少从设备到云端的数据流量。

基于这些优势，MEC 在许多场景中都大有用武之地：

1. 增强现实

增强现实（Augmented Reality，AR）是一种将虚拟信息与真实世界巧妙融合的技术，能够利用计算机产生的补充信息对我们所看到的真实世界景象进行增强或扩展。AR 的效果与用户的位置密切相关，需要根据用户位置的移动快速完成信息的更新，MEC 低延迟高速率的特性恰为这一需求提供了实现途径，能够有效增强 AR 技术的应用效果。图 5-4 为增强现实的应用案例。

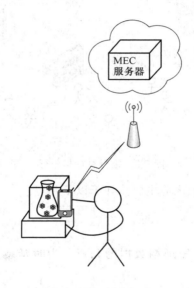

图 5-4 增强现实的应用

2. 智能视频加速

部署在无线侧的 MEC 平台可以通过用户感知，实现对用户差异化的无线资源分配和数据包时延的保证，合理分配网络资源，从而实现视频播放的加速，提升用户体验。尤其有助于 4K、8K 超高清视频和虚拟现实视频（Virtual Reality，VR）等对带宽要求高的内容源的传输。图 5-5 为智能视频加速的应用。

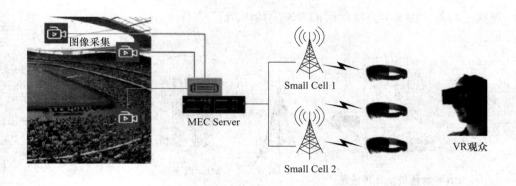

图 5-5　智能视频加速的应用

3. 车联网

MEC 服务器可以部署于道路的沿线基站上，从车载应用和道路传感器接收本地信息，对其进行分析，然后将危险警告和其他延迟敏感类消息传播给同一区域内的其他车辆。这使得附近的汽车能够在几毫秒内接收数据，从而使驾驶员能够立即做出反应，这样便有效地提升了车联网的便利性与安全性。图 5-6 为车联网的应用示例。

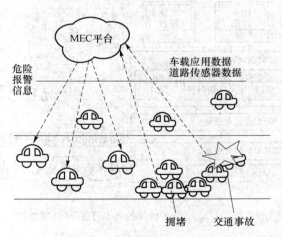

图 5-6　车联网的应用

4. 物联网汇聚网关

在物联网中，各种设备通过不同的形式进行连接，例如 3G、LTE、WiFi 或其他无线技术，需要低延迟的聚合点来管理各种协议、消息的分发和分析处理。如果将物联网应用程序部署在位于基站站点的 MEC 服务器上运行，那就可以实现这一功能。图 5-7 为物联网汇聚网关的应用。

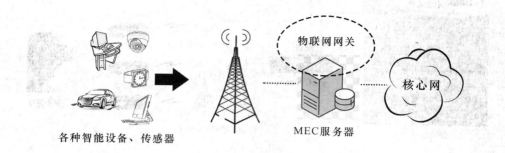

图 5-7　物联网汇聚网关的应用

5.1.2　MEC 平台的运作方式

MEC 平台主要包含三层逻辑实体，分别为 MEC 基础设施层、MEC 平台层及 MEC 应用层。总体架构如图 5-8 所示。

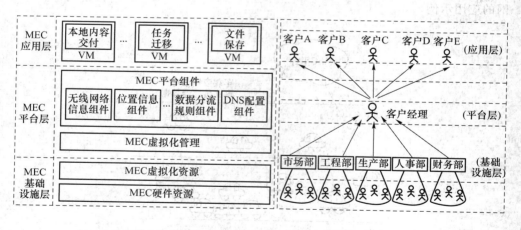

图 5-8　MEC 三层平台架构类似于公司管理结构

MEC 平台的运行方式类似于公司运营中从部门员工到客户的资源流动过程。

1. MEC 基础设施层——职能部门

基础设施层基于网络功能虚拟化（Network Functions Virtualization，NFV）的硬件资源和虚拟化层架构，为 MEC 平台层提供底层硬件的计算、存储、控制等物理资源。可以将它看作公司低层的职能部门，其内的各种物理资源，则是不同部门内的员工。基础设施层向平台层提供底层的物理资源，也就相当于各职能部门向客户经理提供人力资源。

2. MEC 平台层——客户经理

平台层承载业务的对外接口适配的功能，由 MEC 虚拟化管理与 MEC 平台组件两部分组成。其中，MEC 虚拟化管理负责为应用层提供一个灵活高效、多类应用独立运行的平台环境；MEC 平台组件则通过应用编程接口（Application Programming Interface，API）向上层应用开放无线网络信息管理、数据分流等功能。MEC 平台层可以看作公司中的客户经理。平台层以基础设施作为服务，实现各种功能并通过开放的 API 向上层应用开放，也就相当于客户经理统筹并调用资源实现不同的客户需求，而后通过公司对外的窗口提供给客户。

3. MEC 应用层——客户

应用层是基于网络功能虚拟化的虚拟机应用架构，它将 MEC 功能组件层封装的基础功能进一步组合成虚拟应用，包括无线缓存、本地内容转发、增强现实、业务优化等。这一层丰富的业务和应用可以看作有不同需求的客户。应用层利用下层提供的基础功能合成虚拟应用，也就相当于客户再基于这些功能之上完成各自不同的项目需求。

三层的 MEC 平台架构使得更多的网络信息可以开放给开发者，实现无线网络功能的灵活调用，从而丰富上层应用及提升用户体验。但是，在实现大规模应用之前，MEC 以及各种基于 MEC 的解决方案还将面临一些问题和研究挑战。

1. 移动性问题

MEC 所涉及的移动性问题主要包含两种情况：一种是移动终端从某一基站移动至另一基站，但仍属于同一 MEC 服务器的覆盖范围；另一种是移动终端从一个 MEC 服务器移动至另一个 MEC 服务器。当移动终端的位置变化涉及基站或 MEC 服务器的切换时，如何保持移动终端和应用之间的业务连接是目前需要解决的问题，如图 5-9 所示。

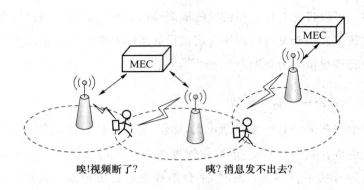

图 5-9　MEC 移动性问题

2. 计费问题

在当前的网络架构中，计费功能主要由核心网负责。而 MEC 平台在部署时由于将服务"下沉"至网络边缘，流量在边缘进行本地化卸载，导致计费功能不易实现，如图 5-10 所示。移动边缘计算平台的标准化工作尚未涉及计费功能的实现，许多研究人员提出过不同的解决方案。

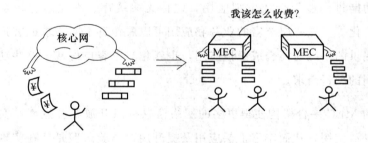

图 5-10　MEC 计费问题

3. 安全问题

由于 MEC 通常部署在无线侧，导致其容易暴露在不安全的环境中。同时，MEC 还采用开放应用编程接口、开放的网络功能虚拟化（NFV）等技术，这些开放性使得外部攻击者容易进入 MEC 平台的缺口。因此，MEC 服务还将面临一定的安全问题，如图 5-11 所示。

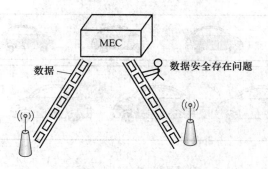

图 5-11　MEC 安全问题

5.2　同时同频全双工技术——怎样在单车道同时跑双车流

5.2.1　在相同的时间与频率传输信息

为了说明 5G 同时同频全双工的优势，我们首先从通信中最基本的双工技术讲起。

"双工通信"是指通信双方之间允许有双向的信息传输，一个人既可以是信息的发送方，也可以是信息的接收方。传统的双工可以分为频分双工（Frequency-division Duplex，FDD）和时分双工（Time-division Duplex，TDD）二者分别从时域和频域上避免发射信号与接收信号之间的干扰。

频分双工（FDD）指上行传输和下行传输拥有各自独立的信道，两个信道采用不同的频点，我们依靠频率对以上二者进行区分，同时进行信号的双向传输。如果用车道比喻信道，那么 FDD 就像图 5-12 中把一条路划分为双车道，两个方向的车流同时通过，互不干扰。

图 5-12　频分双工类比

时分双工（TDD）指上行传输和下行传输采用同一个信道，通过时间分隔实现信号的发送和接收。TDD 就像图 5-13 中在单行车道上跑双向的车流，通过信号灯控制交通，每段时间只允许一个方向通车。

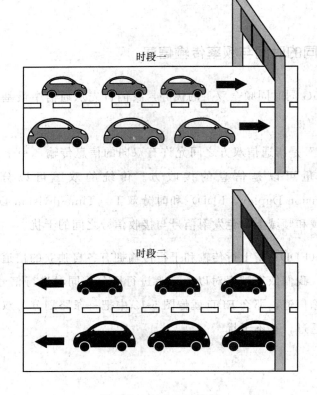

图 5-13　时分双工类比

在 TDD 通信系统中，上行信道和下行信道分布在不同的时隙上，时间开销一部分用于上行传输，另一部分用于下行传输。而在 FDD 通信系统中，下行传输和上行传输采用不同的频率，系统的频率开销一部分用于上行信道，另一部分用于下行信道。由于通信系统中的时间资源和频率资源具有等效性，因此 TDD 和 FDD 系统均为双工通信付出双份的资源开销。

而在无线通信资源愈加匮乏的今天，如何节省资源开销成为人们越来越关注的问题。同时同频全双工（Co-time Co-frequency Full Duplex，CCFD）技术正是在这种情况下应运而生。CCFD 系统就像图 5-14 中在单车道同时通过双向的车流，即通信双方在上、下行传输过程中可以在相同时间使用相同的频率。

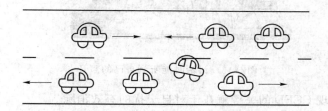

图 5-14　同时同频全双工类比

相比于 TDD 和 FDD 系统的双份资源开销，同时同频全双工技术最大的优势在于能够实现通信资源的开销减半，进而提升频谱效率，增加系统的数据吞吐量。

5.2.2　过滤掉自己的声音——自干扰消除

为实现同频同时信号的收发操作，CCFD 的通信节点配备有两根天线，分别用于信号的发射和信号的接收。由于节点的发射信号和接收信号位于同一频率和同一时隙，因此发射机的发射信号不可避免地会对本地接收机产生强自干扰，如图 5-15 所示。

这就像图 5-16 中所示在一个自由讨论的小组中，有的时候会出现几个人同时都在

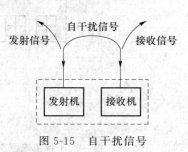

图 5-15　自干扰信号

发言的情况。这时身处讨论中的小明就相当于一个 CCFD 节点，嘴巴是发射机，耳朵是接收机。小明听到其他人的发言的同时也能听到自己的声音，这就影响到小明聆听其他人发言的效果。此时，小明的声音对于他自己来说，就是"自干扰"。

图 5-16 讨论时能听到自己的声音

因此，实现 CCFD 的关键就在于对自干扰的有效消除。

在对同时同频全双工系统的自干扰消除的研究中，根据干扰消除方式和位置的差异，可以分为天线抑制消除、射频干扰消除和数字干扰消除三种方式。

让我们回忆一下坐火车的场景，或许有助于理解这三类干扰消除的关系。

我们乘火车的第一道关卡是火车站进站口，如图 5-17 所示，火车的检票口可以将没有票的人员拒之站外。如果将火车站看作接收机，旅客看作信号，那么

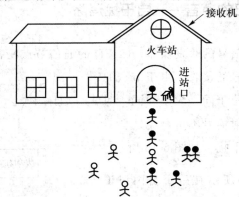

图 5-17 第一次干扰消除（天线抑制消除）可看作在进站口拦下一批旅客

检票口就相当于通过天线抑制的方法过滤掉第一批干扰信号。天线抑制在自干扰信号进入接收通道之前发挥作用，主要通过在空间上增加收发天线之间的隔离度来减小到达接收通道的自干扰信号功率。那么进入火车站的旅客，则相当于成功进入接收机的信号。

第二道关卡是从候车室进入站台的检票口，如图 5-18 所示，检票员会拦下不是乘坐本趟列车的旅客，这相当于通过射频干扰消除的方法再次过滤掉一批干扰信号。射频干扰消除的流程是这样的：首先从发射端引入发射信号作为干扰参考信号，再通过反馈电路调节干扰参考信号的振幅和相位，再从接收信号中将调节后的干扰参考信号减去，从而实现射频域的干扰消除。

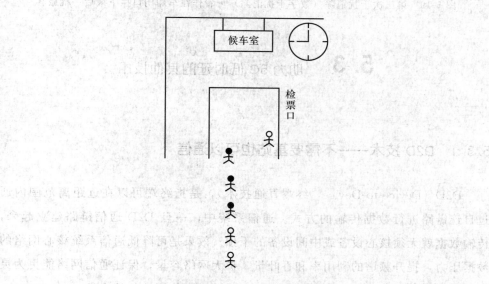

图 5-18　第二次干扰消除（射频干扰消除）可看作在检票口拦下一批旅客

第三道关卡是每节火车车厢的门口，如图 5-19 所示，列车员对每位旅客进行最后检查，只让座位属于本节车厢的旅客上车。这相当于干扰消除的最后一步——数字干扰消除。数字干扰消除可以在时域、变换域（如频域）对解调后的基带信号进行干扰消除，常用的方法是在数字域重建自干扰信号，然后将其从总的接收信号中减去，达到干扰抑制的效果。

那么历经三道关卡而成功抵达铺位的旅客，就是我们真正要接收的目标信号了。

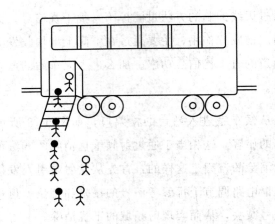

图 5-19　第三次干扰消除（数字干扰消除）可看作在车厢门口拦下最后一批旅客

5.3　助力 5G 低时延的其他技术

5.3.1　D2D 技术——不需要基站也可以通信

D2D（Device-to-Device，终端直通技术），是指终端可以在近距离范围内通过自连链路进行数据传输的方式。通信系统中，一旦 D2D 通信链路建立起来，传输数据就无须核心设备或中间设备的干预。效果是可降低通信系统核心网络的数据压力，提升频谱的利用率和吞吐量，扩大网络容量，保证通信网络能更为灵活、智能、高效地运行，为大规模网络的零延迟通信开辟新的途径。

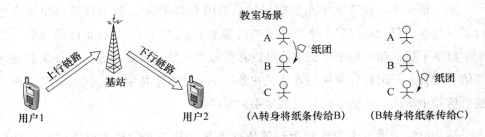

图 5-20　用户通过基站通信相当于通过中间同学传纸条

还记得我们小时候和同学在课堂上传纸条的场景吗？图 5-20 把两个通信终端比喻成课堂上两个传纸条的学生。其中一人先将纸条传递给中间座位的同学，再由中间同学传递给另一人，这就相当于传统蜂窝用户通过基站通信的场景，中间同学的作用就相当于基站。如果两人直接将纸条扔给对方，则相当于两人之间建立了 D2D 的通信链路，如图 5-21 所示。

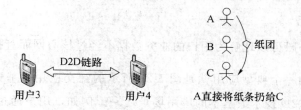

图 5-21　D2D 用户的通信相当于直接扔纸条

D2D 通信可分为集中式控制和分布式控制。集中式控制由基站控制 D2D 连接，基站通过终端上报的测量信息获得所有链路信息。分布式控制则由 D2D 设备自主完成 D2D 链路的建立和维持，相比集中式控制，分布式控制更易获取 D2D 设备之间的链路信息，但会增加 D2D 设备的复杂度。

图 5-22 分别展示了集中式控制和分布式控制的 D2D 通信模式，相比之下，分布式控制更易获取 D2D 设备之间的链路信息，但会增加 D2D 设备的复杂度。而集中式控制既可以发挥 D2D 通信的优势，又便于对资源和干扰的管理与控制。

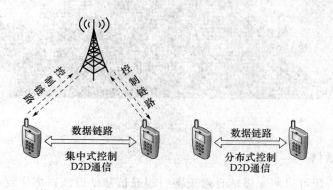

图 5-22　集中式与分布式控制的 D2D 通信

如今，井喷式增长的智能设备以及严重稀缺的频谱资源所产生的问题越来越突出，而 D2D 技术可在一定程度上缓解这一压力，将智能硬件通过 D2D 连接起来，将移动通信技术、物联网技术以及 D2D 技术结合起来，从物理层到网络层、会话层进行连接通信。

结合目前无线通信的发展趋势，5G 网络中可考虑的 D2D 通信的主要场景包括以下几个方面。

1. 本地业务

本地业务一般可以理解为用户的业务数据不经过核心网而直接在本地传输。

本地业务的一个典型应用就是图 5-23 所示的社交应用，基于邻近特性的社交应用可看作 D2D 技术最基本的应用场景之一。例如，用户通过 D2D 的发现功能寻找附近感兴趣的用户；通过 D2D 的通信功能进行邻近用户之间数据的传输，如内容分享、互动游戏等。

图 5-23　本地业务场景

2. 应急通信

D2D 通信还可以解决极端自然灾害引起通信基础设施损坏导致通信中断而给救援带来障碍的问题。当自然灾害发生时，如果传统通信网络的基础设施被破坏，终端之间仍然能够基于 D2D 连接建立无线通信网络，保证终端之间通信畅通，为灾难救援提供保障。另外，位于无线通信网络覆盖盲区的用户，也可以通过一跳或多跳 D2D 连接到位于网络覆盖内的用户终端，从而借助该用户终端连接到无线通信网络。我们可以看看图 5-24 所示的描绘。

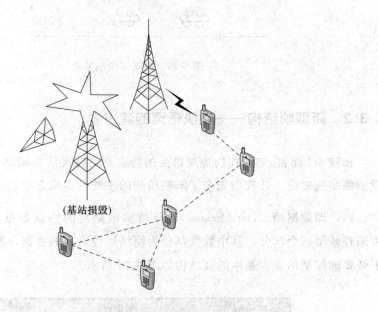

(基站损毁)

图 5-24　应急通信场景

3. 物联网增强

车联网中的 V2V（Vehicle-to-Vehicle）通信是典型的物联网增强的 D2D 通信应用场景。基于终端直通的 D2D 通信由于在通信时延、邻近发现等方面的特性，使它应用于车联网车辆安全领域具有先天优势。比如，在高速行车时，车辆可以通过如图 5-25 中的 D2D 的通信方式发出预警信号，告知周围车辆本车的减速、转弯、靠边停车等动作，以避免交通事故的发生。

另外，在万物互联的 5G 网络中，由于存在大量的物联网通信终端，网络的接入负荷成为严峻问题之一。而在基于 D2D 的网络中，大量的低成本终端不是直接接入基站，而是通过 D2D 方式接入邻近的特殊终端，从而有效地缓解基站的接入压力。

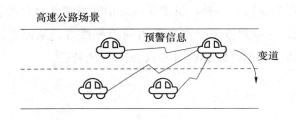

图 5-25　物联网增强场景

5.3.2　新型帧结构——加快语速的演讲者

相较 4G 而言，5G 在物理层最大的特点是支持灵活的帧结构。在学习 5G 的新型帧结构之前，让我们先来了解帧结构的一些基本概念吧。

帧，即数据帧（Data Frame），是数据链路层的协议数据单元，包括帧头、数据和帧尾三个部分，其中数据部分为网络层传下来的数据，帧头和帧尾则包含了必要的控制信息。基本的帧结构如图 5-26 所示。

帧头	数据	帧尾

图 5-26　基本帧结构

在 5G 和 4G 的帧结构中，每个帧可以分成 10 个子帧，每个子帧又包含若干时隙。如果以图 5-27 中的火车做比喻，那么一个数据帧就好比一辆 10 节车厢的火车，子帧就是每一节车厢，时隙则是每节车厢内的一排排座位。

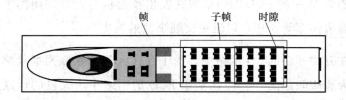

图 5-27　一个数据帧好比一辆 10 节车厢的火车

时隙是时域上最小的单位，而频域上最小的单位是子载波。

4G 的帧长为 10 ms，每个子帧长为 1 ms，每个时隙周期为 0.5 ms。在频域上，子载波间隔固定为 15 KHz。

5G 的帧长同 4G 一样为 10 ms，每个子帧长为 1 ms。而 5G 灵活的帧结构主要体现在其可变的子载波间隔与时隙长度。

5G 定义的最基本的子载波间隔也为 15 KHz，但与 4G 不同的是，它的子载波间隔可扩展为：

$$2^{\mu} \times 15 \text{ KHz}（\mu \text{ 为整数}）$$

由于子载波间隔与一个 OFDM（Orthogonal Frequency Division Multiplexing）符号的长度成反比，而 5G 中每个时隙固定包含 14 个 OFDM 符号，所以当子载波间隔增大时，每个 OFDM 符号长度就相应地减小，每个时隙也随之减小。依然用火车做比喻，图 5-28 所示，就像每个时隙包含座位（OFDM 符号）数没变，但在空间上压缩了每个座位（OFDM 符号）的长度，所以每个时隙所占用的空间变小，每节车厢（子帧）包含的时隙就会变多。

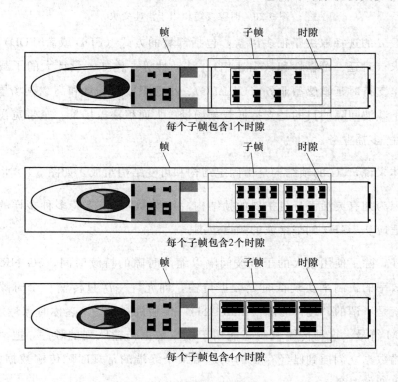

图 5-28 5G 中每个子帧可以包含不同的时隙

当 μ 分别取 0，1，2……时，子载波间隔分别为 15 KHz，30 KHz，60 KHz……，对应每个子帧包含的时隙数分别为 1，2，4……。

这就好比一个人在演讲，如图 5-29 所示，帧长可以看作演讲的总时长，每个字可以看作 OFDM 符号。演讲总时长是固定的，但由于语速加快，固定时长内讲的字数变多了，也即讲同样的字数所需的时间变短了。因此，5G 中若采用更短的时隙，将有利于更低时延的数据传输。

图 5-29　时隙变短相当于语速变快

参数 μ 的选择取决于很多因素，包括部署的方式（FDD 或者 TDD）、载频、业务需求（时延、可靠性和数据速率）、移动性等。比如，设计大的子载波间隔的目的是支持时延敏感型业务（URLLC）、小面积覆盖场景和高载频场景，而设计小的子载波间隔的目的是支持低载频场景、大面积覆盖场景、窄带宽设备和增强型广播/多播业务。

总体来说，5G 的帧结构是由固定结构和可变结构组成，如图 5-30 所示。

正因为拥有灵活而且可扩展的帧结构，使得 5G 可以支持多种多样的部署场景，以适应从 1GHz 到毫米波的频谱范围。

另外，除了使用较大的子载波间隔以缩短时隙的持续时间，5G NR 还有一种更有效率的机制来实现低时延数据传输，即允许一次只传输一个时隙的一部分，也就是所谓的"迷你时隙（mini-slot）"传输机制。一个迷你时隙最短只有 1 个 OFDM 符号。这种传输机制还能用于改变数据传输队列的顺序，把"迷你时隙"传输数据立刻插到已经存在的发送给某个终端的常规时隙传输数据的前面，以获得更低的时延。

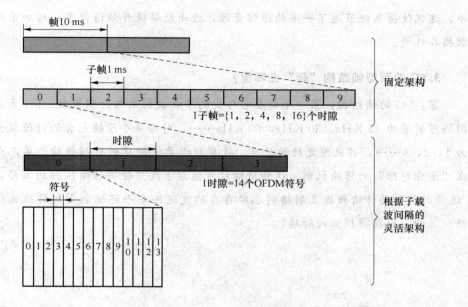

图 5-30 5G 灵活帧结构

问 与 答

1. 移动边缘计算（MEC）为什么能够实现"低时延"呢？

答：如果将核心网比作银行总行，那么移动边缘计算就像在各地区开设分行，使得客户在家门口就可以方便快捷地办理银行业务。MEC 平台以就近的方式处理采集到的用户数据，而不需要再将大量数据经过漫长的传输网络上传到远端的核心管理平台。也就是说，MEC 技术使得无线接入网具备了业务本地化的条件，无线接入网也因此具备了低时延、高带宽的传输能力。

2. 同时同频全双工最大的优势是什么呢？

答：时分双工系统的时间开销一部分用于上行传输，另一部分用于下行传输；频分双工系统的频率开销一部分用于上行信道，另一部分用于下行信道。无论是时分双工还是频分双工系统，均为双工通信付出双份的资源开销。而同时同频全双工系统中，通信双方在上、下行传输过程中可以在相同时间使用相同的频率，这就使得系统节省了一半的通信资源，进而能够提升频谱效率，增加系统的数据吞吐量。

3. 5G 的新型帧结构"新"在哪里？

答：5G 的帧结构，第一个新在它可变的子载波间隔与时隙长度。5G 子载波间隔可扩展为 15 KHz，30 KHz，60 KHz……，对应每个子帧包含的时隙数分别为 1，2，4……，若采用更短的时隙，将有利于更低时延的数据传输。第二个新在"迷你时隙"的传输机制。这种传输机制能用于改变数据传输队列的顺序，把"迷你时隙"的传输数据立刻插到已经存在的发送给某个终端的常规时隙传输数据的前面，以获得极低的时延。

第6章　6G 的展望——一念天地万物随心

6.1　未来 6G 畅想

即使 5G 技术刚刚步入商用部署的快车道。移动通信领域的发展创新研究也从不曾停歇，5G 技术将作为开启万物互联新时代的新钥匙，它可以渗透到工业、农业、交通等各个行业，它将成为各行各业改革的推动者。

在 5G 技术逐步成熟与推广的同时，按照移动通信产业"使用一代，建设一代，研究一代"的发展思路，通信研究者们已经开始着手规划下一代移动通信技术的研究。在世界范围内，芬兰政府最先启动 6G 大型研究计划；美国通信委员会也不甘落后，开放了太赫兹频谱；我国于 2019 年 11 月正式启动 6G 技术的研发工作，更早的准备工作可以追溯到两年前。

目前，6G 技术的探讨还在初期阶段，相关的空口接入技术、关键理论还没有被深入认识，因此不同观点的差异还是比较大的，在这章里笔者结合个人掌握的知识体系，就目前研究界具有共识的 6G 潜在关键技术进行一定程度的分析和解读。相信随着各个研究组织的努力，对 6G 技术研究方向的不断聚焦，这些体系必然会更加清晰。

太赫兹通信的得名与 5G 中的毫米波通信类似，即利用频谱在 $0.1\sim10\ \mathrm{THz}$

的电磁波进行通信，该段电磁波的波长在 $30\sim300$ μm，介于毫米波与远红外光之间，其特性与毫米波和远红外光相近，如图 6-1 所示。作为尚未被完全开发的全新频段，太赫兹通信相对于 5G 毫米波通信，具有更加丰富的频谱资源，更高速率的传输速度等优势，被看作是 6G 移动通信中极具前景的无线接入技术之一。

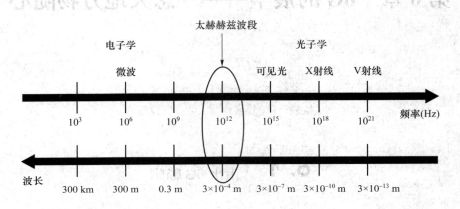

图 6-1 太赫兹的频谱与波长示意

相比于微波通信，太赫兹通信拥有许多优势，这决定了太赫兹通信在未来6G 高速短距离宽带无线通信中会具有广阔的应用前景：一、太赫兹波束更窄，因此具有更好的方向性，具有更强的抗干扰能力；二、太赫兹波频谱在 $0.1\sim10$ THz之间，具有几十 GHz 的可用频谱带宽，可以提供超过几 Tbit/s 的超高通信速率；三、在外层空间，太赫兹波部分波长附近能够做到无损耗传输，极小的功率就可完成远距离通信。太赫兹波可广泛应用于空间通信中，特别适合用于卫星之间、星地之间的宽度通信，为空天地一体化通信系统提供技术支持；四、太赫兹频段波长短，可适合采用相较于毫米波通信更多的天线阵子的 Massive MIMO；五、太赫兹波能以较小的衰减穿透物质，适合一些特殊场景的通信需求。

与毫米波通信类似，太赫兹频段的通信在具有优势前景的同时，也存在相应的弱点挑战：一、电磁波传播特性表明，自由空间衰落大小与频率的平方成正比，因此太赫兹相对低频段有较大的自由空间衰落，太赫兹通信的覆盖范围必然是被限制的；二、太赫兹信号对阴影非常敏感，其大尺度衰落明显，实验室已测出仅人体就可对太赫兹波造成 $20\sim30$ dB 的信号衰减；三、太赫兹通信系统的小区范围会比毫米波的微基站更小，这意味着服务波束、小区关联等关系将会剧烈波动。

5G的愿景为"信息随心至，万物触手及"。本书提到的三大应用场景以及关键技术都是为了信息交互、万物可连接服务的。而随着5G应用的快速渗透，传统产业与通信技术的进一步深度融合，未来通信必将衍生出更高层次的新需求。根据中国移动研究院在2019年11月份发布的《2030＋愿景与需求报告》，6G应在5G基础上全面支持整个世界的数字化，并由"马斯洛需求层次理论"演化出新通信马斯洛需求模型。我们将通信技术分为如图6-2中的五个层次，分别是：必要通信、普遍通信、信息消费、感官外延、解放自我。

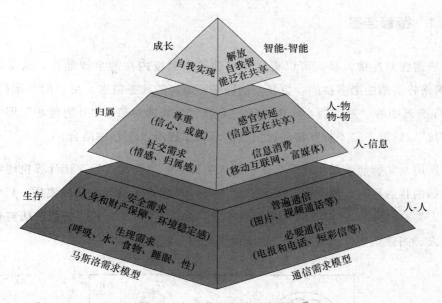

图6-2 新通信马斯洛需求模型[①]

上述模型将通信需求和通信系统构成了螺旋上身的循环关系，印证了新需求的出现必将刺激通信技术和通信系统的发展。基于"4G改变生活，5G改变世界"的口号，6G将创造出一个智慧泛在、万事互联的世界。

因此，6G应该实现的是现有5G不能满足的进一步提升的需求。5G在海量

---

① 中国移动研究院.2030＋愿景与需求报告［R］.中国移动研究院.2019，11.

机器类通信中强调了连接数量，而对实时性的要求并不高，在高可靠低时延场景中，只是在意可靠性和低时延，对于连接数量和系统的吞吐量并无严格需求。而在 6G 场景中，这必然是需要进行改进的，6G 愿景下需要同时考虑高速率、海量连接以及低时延的需求，这对于未来通信网的挑战无疑是巨大的。

通信的实质为连接，从 1G~3G 实现人与人的连接，到 4G 实现人与物的连接，5G 的目标是连接万物，6G 的愿景为万物随心。因此，中国科学杂志社所刊《6G 移动通信网络：愿景、挑战与关键技术》一文中就将 6G 愿景总结为"连接"——即"智慧连接""深度连接""泛在连接"。

6.1.1 智慧连接

所谓智慧连接，我们可以将之理解为通信系统内在的全智能化，这是由于 6G 网络将面临的诸多挑战：更复杂的网络，更高的业务需求，更多的终端类型。而 6G 愿景中的"万物随心"中指的"万物"为智能对象，"万物随心"即"智慧连接"，这就不得不提到移动通信技术与人工智能（AI）的结合。

所谓人工智能就是用计算机来模拟人类的某些思维和行为，让计算机能够实现人脑的智慧行为，如学习、规划、思考等，再通过了解智能化的实质，产生一种与人类思想和活动相类似反应的智能系统，如图 6-3 所示。人工智能的研究包括机器人、图像识别、语音识别、感应识别处理系统等。

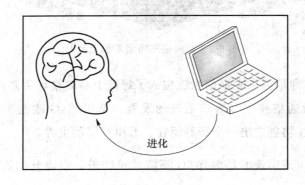

图 6-3　通信技术为人工智能进化提供土壤

而现有的 5G 与 AI 结合的案例仅仅只是表现在 AI 对于传统网络架构的优化，并不能算是真正意义上的智能通信网络。考虑到未来 6G 网络结构会越来越庞大，业务类型和应用场景也越来越繁杂多变，充分利用 AI 技术来解决这种复杂的需求几乎是必然的选择。

6.1.2　深度连接

传统的蜂窝网络系统中覆盖的思想已经日渐成熟，在 5G NR 中为了达到深度覆盖的需求，一般采用宏基站覆盖控制及微基站节点负责传输的多层网络架构。5G 的通信对象已经由 4G 的以人为中心逐渐扩展为万物，那么进入 6G 将会对深度连接有更高的要求。如图 6-4 所示的万物互联场景。

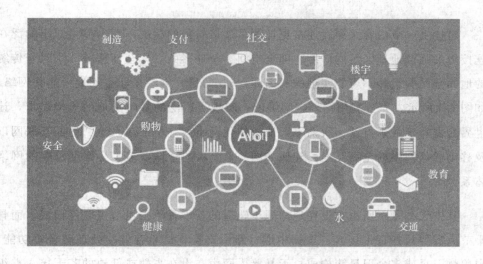

图 6-4　万物互联场景愿景

就像人体的毛细血管将血液输送到个体最末梢的部位，6G 的深度连接也会把信息连接深入到我们生活中最细微之处。6G 将利用极大扩展的物联网信息交互技术进行以下发展：

（1）让连接对象活动空间更加深度扩展。

（2）更深入的感知交互。未来的通信设备及其连接对象将大部分智能化，需要更深度的感知、更实时的反馈与响应。

（3）物理网络世界更深度的数据挖掘。AI深度学习将会对未来通信网络的数据进行深度挖掘与利用，同时还包括为支持深度学习而强化的大数据通信需求。

5G开启的万物互联时代必然将促进物联网通信需求的快速发展提升，甚至在短期内会达到爆发点。由此也可预见未来这样的深度覆盖将进一步拓展为6G的深度连接。基于现有技术可以将深度连接的特点概括为：深度感知（即触觉网络），深度学习（即深度数据挖掘）以及深度思维（即思维与思维的直接交互）三个层次。

6.1.3 泛在连接

对比上一节内容，深度连接更加侧重连接对象的深度，而本节将介绍的泛在连接更加强调地理区域的广度，即全空间、全地形的立体全面覆盖。这对于传统的地面基站明显是不可能实现的。因此，6G的另一大愿景即空天地一体化网络，如图6-5所示，充分利用物理空间维度，实现更广泛的随时随地的连接需求，让世界变得真正触手可及。所谓空天地一体化网络就是由卫星系统、地面互联网以及移动通信网络的全面互通，建成如图6-5演示的全球覆盖、全维度覆盖的网络体系。

其中天基骨干网由布设在地球同步轨道的若干骨干卫星节点联网而成。而骨干节点需要具备宽带接入、数据中继、路由交换、信息存储、处理融合等功能，由单颗卫星或多个卫星簇构成。天基接入网由布设在高轨或低轨的若干接入点组成，满足陆海空天多层次海量用户的网络接入服务需求，形成覆盖全球的接入网络。同时，地基节点网由多个地面互联的地基骨干节点组成，主要完成网络控制、资源管理、协议转换、信息处理、融合共享等功能，通过地面高速骨干网络完成组网，实现与其他地面系统的互联互通。[①]

---

① 李贺武，吴茜，徐恪. 天地一体化网络研究进展与趋势 ［J］. 科技导报 .2016，34（14）：95-116.

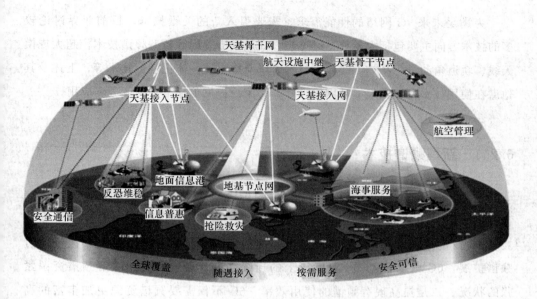

图 6-5　6G 空天地一体化网络愿景

6.2　6G 潜在技术大观

依据 3GPP R17 5G 新服务需求研究结果，结合人眼极限视频带宽与可靠性要求，自动驾驶定位精度要求以及非地面网络空中基站移动速度等要求，我们可以初步估计 6G 时代新型服务的性能指标需求和相对 5G 网络性能指标的提升倍数，如图 6-6 所示。

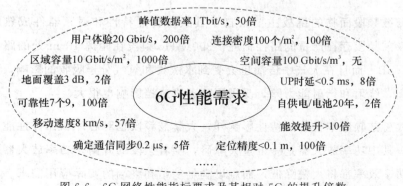

图 6-6　6G 网络性能指标要求及其相对 5G 的提升倍数

为满足未来 6G 网络的性能需求，需要引入新的关键技术，目前业界讨论较多的技术方向主要包括太赫兹、可见光、高效频谱使用等新型频谱技术，超大规模天线、轨道角动量等高效无线接入技术，以及空天地一体化融合技术等，上述及其他潜在使用技术将极大地提升网络性能，为用户提供更加丰富的业务和应用。

6.2.1　新型频谱技术

与 5G 相比，6G 将实现 10 倍于 5G 的传输速率，需要更多的频谱资源，获得频谱的方式主要有两种：一是向更高频段扩展。当前 5G 已经可以支持高达 52.6 GHz 的毫米波频段，未来 6G 可能会拓展到太赫兹甚至可见光频段，通过频谱扩展，6G 可以获得 10 GHz 以上的连续频谱资源，可有效缓解频谱资源紧张的状况。二是提高现有频谱的使用效率。6G 不仅需要频谱资源更加丰富的高频频段，也需要覆盖性能更好的低频频谱资源，目前的移动通信系统采用的都是"专用"频谱分配模式，频谱利用率低，可以通过动态、高效的频谱资源管理来有效提升现有频谱的使用效率。

1. 太赫兹通信技术

太赫兹指频率在 0.1～10 THz 的电磁波，如图 6-7 所示，其具有极为丰富的频谱资源，目前主要应用于卫星间通信（太空中为真空状态，不受分子吸收（主要是由水蒸气和氧气），传输距离较远）。太赫兹通信不仅可以满足 6G 极高数据传输速率频谱需求，也可以利用太赫兹频段波长极短的特点，在环境侦测和高精度定位方面发挥重要作用。

太赫兹频段面临的挑战主要来自于其频谱传播特性和射频器件成熟度的限制。太赫兹频段存在严重的路径损耗，300 GHz 频段在距离 10 m 处的路径损耗可达 100 dB，而且在大气中传播也会受到水蒸气和氧气分子吸收的影响，同时由于频段高，绕射和衍射能力差，受周围障碍物遮挡影响也很大。

除太赫兹频段本身传播特性影响外，太赫兹频段也对芯片和器件性能提出更高要求，其中功率放大器是一个重大障碍，随着频段的升高，功率放大器的输出功率和功率效率都将大幅降低，而难以满足基站和终端的实际应用需求。太赫兹频段在未来 6G 中应用，需要在关键技术及核心器件等领域实现突破，包括研究面向太赫兹频段的信道传播特性测量与建模，针对不同应用场景分析大气衰减、分子吸收、气候等对太赫兹传播的影响，建立太赫兹通信信道模型；研究太赫兹关键元器件以及基于新型半导体材料的太赫兹射频芯片，满足高效率、低能耗和低成本需求；研究适应太赫兹通信传输特性的系统设计方案，包括宽带调制解调技术、高速信道译码技术、超窄波束的精确对准及快速跟踪技术等。

6G：迈向太赫兹时代

f:	300 MHz	3 GHz	30 GHz	300 GHz	3 THz	30 THz	300 THz

Radio TV　　microwaves　　THz　　IR　　UV

λ:	1 m	10 cm	1 cm	1 mm	100 μm	10 μm	1 μm
E:	1.24 μeV	12.4 μeV	124 μeV	1.24 meV	12.4 meV	124 meV	1.24 eV

图 6-7　太赫兹频段分布示意图

2. 可见光通信技术

这是指利用可见光波段的光作为信息载体进行数据通信的技术，与传统无线通信相比，可见光通信具有超宽频带，并可兼具通信、照明、定位等功能，而且无电磁污染，可应用于飞机、医院、工业控制等对电磁敏感的环境，如图 6-8 所示。

图 6-8　可见光通信场景

但可见光通信目前还面临着一系列的技术挑战。虽然可见光频段有高达 400 THz 的光谱资源，但商用的 LED（发光二极管）的调制带宽仅有数十兆赫兹，直接限制了可见光通信的传输速率，如果通过采用新材料，引入蓝色滤波、脉冲整形等技术可以有效提升 LED 带宽，如基于 InGaN 的高功率蓝光超发射二极管（SLD）调制带宽可达 800 MHz 以上。除有效提升 LED 有效带宽外，可见光关键技术还包括超高速率可见光通信调制编码技术、阵列复用等高效传输技术、可见光通信多址接入及组网技术，此外，还需要在超高速率可见光传输收发芯片、器件与模块等领域实现突破。

6.2.2　高效无线接入技术

在给定的频谱资源下实现更高的数据传输速率一直是每一代移动通信追求的目标，为获得更高的频谱效率，一方面可以通过多天线、调制编码、双工等传统技术持续增强来实现，另一方面要持续探索新的物理维度和传输载体，以实现信息传输方式的革命性突破，如轨道角动量技术等。

1. 传统物理层技术增强

编码调制是最基本的物理层技术，在未来 6G 无线通信系统中将发挥基础作用，相比于 5G，6G 信道编码需要针对更加复杂的无线通信场景和业务需求进行有针对性的优化和设计，如超高吞吐量、超高移动速度、超高频段、超高可靠性以及面向物联网行业应用的极简化设计等。此外，人工智能技术在无线通信中的应用也给信道编码研究提供了一种全新的解决方案，使其不再依赖传统的编码理论进行设计，而通过学习、训练、搜索就可以找到适合当前传输环境的最佳的调制编码方式。多天线技术是提升频谱效率最有效的技术手段，当前的商用大规模天线产品可以做到 256 天线单元，随着频段的提升，单位面积上可以集成更多天线单元，借助大规模天线，一方面可以有效提升系统频谱效率，另一方面，分布式超大规模天线有助于打破小区的界限，真正实现以用户为中心的网络部署，并且利用其超高的空间分辨率还可以实现高精度定位和环境感知。超大规模天线的应用需要天线技术本身的突破，目前大型智能表面技术在大规模天线中的应用受到业界的关注。此外，新型大规模阵列天线设计理论与技术，高集成度射频电路优化设计理论与实现方法，以及高性能大规模模拟波束成形设计等技术也需要进行重点研究。新型双工技术在 6G 系统中可能会得到应用，从而解除传统 FDD/TDD 双工机制对收发信机链路之间频谱资源利用的限制。全双工技术通过在收发信机之间共享频谱资源可有效提升频谱资源利用率，在提高吞吐量的同时有效降低传输时延。当前，全双工技术需要重点解决的问题包括大功率自干扰抑制技术、多天线自干扰抑制技术、全双工组网技术以及可调时延器、高隔离度天线、微波光子滤波器等全双工核心器件研发。

2. 轨道角动量技术

除传统的物理层技术增强外，我们也希望探索新的物理维度，轨道角动量就是目前业界比较关注的新物理维度。从电磁波的物理特性讲，电磁波不仅具有线动量，还具有角动量。其中线动量是当前传统电磁波无线通信的基础，而我们希望研究利用角动量作为无线通信的新维度。轨道角动量分为量子态轨道角动量和统计态轨道角动量。量子态轨道角动量是由发端装置旋转自由电子激发轨道角动量微波量子，并辐射到收端，收端自由电子耦合微波量子将其转换为具有轨道角动量的电子，通过电子分选器后，特定的轨道角动量电子被检测并解调，提取出所携带的信息，量子态轨道角动量需要专门的发射和接收装置。统计态轨道角动量是使用大量传统平面波量子构造涡旋电磁波，利用具有不同本征值的涡旋电磁波的正交特性，通过多路涡旋电磁波的叠加实现高速数据传输，为移动通信提供新的物理维度。当前，轨道角动量在无线通信中应用仍处于探索阶段，研究难点主要在于轨道角动量微波量子产生与耦合设备小型化技术，射频统计态轨道角动量传输技术以及如何降低传输环境对涡旋电磁波影响等。

6.2.3　空天地一体化融合技术

未来的 6G 要进一步扩展通信覆盖的广度和深度，实现全球无缝覆盖，需要卫星通信的辅助和支持，因为卫星通信可以以较低成本实现更广覆盖，而对于飞机等高速移动的交通工具，利用卫星通信可以得到很好的支持，而这些特点正是传统蜂窝移动通信所欠缺的。因此，未来的 6G 网络可以以传统蜂窝网络为基础，与卫星通信深度融合，实现空中、陆地、海洋等自然空间的全面覆盖。当前美国正在加快推进卫星互联网发展，包括星链计划和铱星系统等，其中 Space X 公司的星链计划预计将发射 12 000 颗卫星，截至 2020 年 4 月已经发射 422 颗，并在 6 个月内进行公测。图 6-9 为未来卫星互联网架构设想。

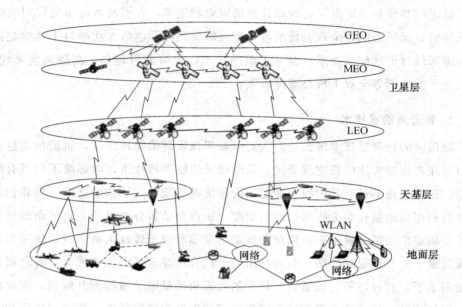

图 6-9　未来卫星互联网架构设想

　　卫星互联网的发展主要得益于卫星制造成本和发射成本的大幅度降低，同时，先进的移动通信技术也为卫星互联网的成功提供了技术保证。但目前仍然面临一些性能方面的挑战，比如，星链计划每颗卫星的峰值带宽为 20 Gbit/s，但由于单颗卫星的覆盖范围巨大，导致单位面积容量变得非常低，无法满足密集城区用户的大容量需求。此外，由于卫星与地面之间的距离较远，星链网络的时延也较大，大约在 20～35 ms 之间，难以满足 5G 超低时延业务的需求。性能方面的问题使卫星互联网无法对现有的蜂窝移动通信造成颠覆性的影响，但可以作为地面蜂窝移动通信的有效补充，为人口密度低，光纤铺设成本高，回报价值低的偏远地区提供网络服务。地面蜂窝移动通信将重点解决密集城区的大容量需求以及对时延敏感的行业应用需求。从目前来看，天地融合还面临卫星系统与移动通信网络的一体化设计，不同卫星通信系统间的互联互通，频谱资源分配与管理等问题。

问　与　答

1. 太赫兹通信的优势有哪些?

答：(1) 太赫兹波束更窄，具有更好的方向性，具有更强的抗干扰能力。

(2) 太赫兹波频谱在 0.1～10 THz 之间，其中具有几十 GHz 的可用频谱带宽，可以提供超过几 Tbit/s 的超高通信速率。

(3) 在外层空间，太赫兹波部分波长附近能够做到无损耗传输，极小的功率就可完成远距离通信。因此，太赫兹波可广泛应用于空间通信中，特别适合用于卫星之间、星地之间的宽度通信，为空天地一体化通信系统提供了技术支持。

(4) 太赫兹频段波长短，适合采用相较于毫米波通信更多天线阵子的 Massive MIMO。

2. 太赫兹通信的缺点有哪些?

答：(1) 电磁波传播特性表明，自由空间衰落大小与频率的平方成正比，太赫兹相对低频段有较大的自由空间衰落，因此太赫兹通信的覆盖范围必然是被限制的。

(2) 太赫兹信号对阴影非常敏感，即其大尺度衰落明显，实验室已测出仅人体就可对太赫兹波造成 20～30 dB 的信号衰减，容易产生建筑物等阴影阻塞。

(3) 太赫兹通信系统的小区范围会比毫米波的微基站更小，这意味着服务波束、小区关联等关系将会剧烈波动。

3. "连接"的含义是什么?

答：6G 愿景总结为"连接"——即"智慧连接""深度连接""泛在连接"。

缩　略　词

简称	英文全称	中文
2D	Two Dimension	二维
3D	Three Dimension	三维
3GPP	Third Generation Partnership Project	第三代合作伙伴计划
5GC	5G Core	5G 核心网
5G NR	5G New Radio	5G 新空口
AI	Artificial Intelligence	人工智能
API	Application Programming Interface	应用编程接口
AR	Augmented Reality	增强现实技术
BBU	Base Band Unit	基带带宽单元
BF	Beamforming	波束成型技术
BM	Beam Management	波束管理
BR	Beam Reporting	波束报告
BS	Beam Sweeping	波束扫描
CA	Carrier Aggregation	载波聚合技术
CC	Component Carrier	成分载波
CCFD	Co-frequency Co-time Full Duplex	同时同频全双工
CDMA	Code-Division Multiple Access	码分多址技术
CDMA2000	Code Division Multiple Access 2000	码分多址 2000 技术

简称	英文全称	中文
CoMP	Coordinated Multipoint	多点协作传输
CPRI	Common Public Radio Interface	通用公共无线电接口
C-RAN	Centralized Radio Access Network	集中式无线接入网
CS/CBF	Cooperative Scheduling / Beamforming	协同调度/波束成形
CU	Central Unit	中央单元
D2D	Device to Device	终端到终端
DCS	Dynamic Cells Selection	动态小区选择
DF	Data Frame	数据帧
DU	Distributed Unit	分布式单元
eMBB	enhanced Mobile Broadband	增强移动宽带业务
eMTC	enhanced Machine Type Communication	增强型机器类型通信
EPC	Evolved Packet Core	演进分组核心
FDD	Frequency Division Duplex	频分双工
FDMA	Frequency Division Multiple Access	频分多址技术
IMT-2020	International Mobile Telecommunication-2020	国际移动通信-2020
JT	Joint Transmit	联合传输
LoRa	Long Range	远距离无线电
LPWAN	Low Power Wide Area Network	低功耗广域网
LTE	Long Term Evolution	长期演进技术
MA	Multiple Access	多址技术
MAI	Multiple Address Interference	多址干扰
Massive MIMO	Massive Multiple-Input Multiple-Output	大规模多天线技术
MCM	Multi-Carrier Modulation	多载波调制技术

简称	英文全称	中文
MEC	Mobile Edge Computing	移动边缘计算
METIS	Mobile and Wireless Communications Enablers for the 2020 Information Society	欧洲 5G 研究项目
MIMO	Multiple-Input Multiple-Output	多进多出技术
mMTC	massive Machine Type Communication	海量机器类通信业务
mmWave	millimeter Mave	毫米波
NB-IoT	Narrowband Internet of Things	窄带物联网
NF	Network Function	网络功能虚拟化
NFV	Network Function Virtualization	网络功能虚拟化
NOMA	Nonorthogonal Multiple Access	非正交多址技术
NSA	Non-Stand Alone	非独立组网
OFDM	Orthogonal Frequency Division Multiplexing	正交频分复用技术
OFDMA	Orthobonal Frequency Division Multiple Access	正交频分多址技术
PL	Path-Loss	路径损耗
RRU	Remote Radio Unit	远程无线电单元
SA	Stand Alone	独立组网
SE	Spectrum Efficiency	频谱效率
SIC	Successive Interference Cancellation	持续干扰消除器
TDD	Time-division Duplex	时分双工
TDMA	Time-division Multiple Access	时分多址技术
TD-SCDMA	Time Division-Synchronization Code Division Multiple Access	时分同步码分多址技术
UAV	Unmanned Aerial Vehicle	无人机
UCN	User Centric Network	用户为中心网络
uRLLC	ultra-Reliable Low-Latency Communication	低时延、高可靠业务
V2V	Vehicle-to-Vehicle	车联网通信

简称	英文全称	中文
VR	Virtual Reality	虚拟现实
WCDMA	Wideband Code Division Multiple Access	宽带码分多址技术
WWRF	Wireless World Reserch Forum	无线世界研究论坛